高坝泄洪入水激溅雾雨扩散研究

袁 浩 孙 倩 沈小俊 等著

科 学 出 版 社

北 京

内 容 简 介

本书基于系列大尺度模型试验，系统探究典型水力因素对跌流水舌入水激溅雾雨扩散特性的影响。全书共6章，分别介绍了研究背景及国内外研究现状试验装置及方法、入水激溅区雾雨强度分布规律、跌流水力条件对入水激溅区雾雨扩散影响规律、跌流水舌入水激溅区雾雨扩散预测方法，并对未来该方向研究提出了展望。

本书可供从事水利设计、施工、管理、科研等的工作人员阅读，也可以供相关领域的高校师生学习参考。

图书在版编目(CIP)数据

高坝泄洪入水激溅雾雨扩散研究 / 袁浩等著. -- 北京: 科学出版社，2024.11. -- ISBN 978-7-03-079412-3

Ⅰ. TV135.2

中国国家版本馆 CIP 数据核字第 202471AU78 号

责任编辑：刘 琳 / 责任校对：彭 映

责任印制：罗 科 / 封面设计：墨创文化

科 学 出 版 社 出版

北京东黄城根北街16号

邮政编码：100717

http://www.sciencep.com

成都锦瑞印刷有限责任公司 印刷

科学出版社发行 各地新华书店经销

*

2024年11月第 一 版 开本：787×1092 1/16

2024年11月第一次印刷 印张：8 1/4

字数：200 000

定价：118.00 元

（如有印装质量问题，我社负责调换）

前　言

在地球传统能源日益紧张的情况下，水电资源因其可再生、无污染、运行费用低等优点而广受世界各国青睐。我国水能资源丰富，在水能资源的开发利用中建成了大量 200m 级、300m 级的巨型大坝(如二滩、小湾、拉西瓦、两河口等)。这些大坝均位于高山峡谷的大江大河干流，它们共同的特点是水头高、流量大、河谷窄，使得泄洪雾化问题十分突出。泄洪雾化会导致下游区域产生局部高强度降雨，对雾化效应的认识不足可能对水电设施运行及两岸边坡稳定性带来不利影响，严重威胁工程的安全运行。随着我国水电开发的不断深入，高坝工程日益增多，保障大坝安全运行是我国水电开发的迫切需要，是高坝工程中亟待解决的问题。

泄洪雾化产生的主要原因是水舌空中扩散散裂、水舌空中碰撞散裂或水舌入水激溅散裂，散裂水点在风场、空气阻力等作用下，在空中不断运动并向外扩散，形成降雨或迷雾。研究人员普遍认为，水舌空中扩散雾化源远小于水舌空中碰撞及入水激溅雾化源。尽管现今高坝、超高坝工程坝身泄水孔多采用表、深孔分层布置型式，但通常在流量较大时才采用表、深孔联合泄洪，水舌入水激溅仍然是最常见、最主要的雾化源。泄洪雾化伴生着水-气两相流的复杂交互作用，工程现场雾流弥漫，目前仍缺乏有效测量空间雾雨强度的仪器及方法；物模实验大多根据工程需要，在特定的工程布置和地形条件下进行，由于问题的复杂性，系统的规律性研究尚显不足。本书基于系列大尺度模型实验，系统探究典型水力因素对跌流水舌入水激溅雾雨扩散特性的影响。本书面向从事水利设计、施工、管理、科研等的工作者，也可以供相关领域的高校师生阅读参考。

本书各章节主要撰写者如下：第 1 章为绪论，由袁浩、孙倩、沈小俊撰写；第 2 章为跌流水舌入水激溅模型试验装置及方法，由沈小俊、母德伟、胡瑞昌撰写；第 3 章为入水激溅区雾雨强度分布规律，由袁浩、毛云飞、沈小俊、周昔东撰写；第 4 章为跌流水力条件对入水激溅区雾雨扩散影响规律，由孙倩、胡瑞昌、毛云飞撰写；第 5 章为跌流水舌入水激溅区雾雨扩散预测方法，由袁浩、孙倩、周昔东撰写；第 6 章为结论与展望，由孙倩、沈小俊撰写。

本书的出版得到重庆交通大学、重庆市交通规划和技术发展中心及重庆西科水运工程咨询有限公司的大力支持和资助，在此一并表示衷心感谢！

在本书写作过程中，作者虽力求审慎，但由于水平有限，书中不妥之处在所难免，敬请读者批评指正。

目　录

第 1 章　绪论……1
1.1　泄洪雾化现象及影响……1
1.1.1　研究背景及意义……1
1.1.2　泄洪雾化研究常用方法……3
1.1.3　泄洪雾化机理研究……5
1.2　国内外研究现状……6
1.2.1　射流空中扩散研究现状……6
1.2.2　射流空中碰撞研究现状……14
1.2.3　射流入水激溅研究现状……17
1.2.4　泄洪雾化物理模型研究中的缩尺效应问题……23
1.3　本书的研究内容及方法……25
第 2 章　跌流水舌入水激溅模型试验装置及方法……27
2.1　试验模型布置……27
2.2　试验设备与测量仪器……32
2.2.1　雨强接收系统……32
2.2.2　高速摄像系统……35
2.2.3　流量测量设备……36
2.3　试验方法及可靠性分析……37
2.3.1　试验步骤……37
2.3.2　测量参数的确定及试验可靠性分析……38
2.4　测量内容及试验工况……40
2.4.1　测量内容……40
2.4.2　试验工况……41
2.5　本章小结……44
第 3 章　入水激溅区雾雨强度分布规律……45
3.1　射流空中运动及入水激溅散裂特征……45
3.2　入水激溅区雾雨强度分布特征……48
3.2.1　入水激溅区雾雨强度云图……49
3.2.2　入水激溅区雾雨强度纵向分布特征……51
3.2.3　入水激溅区雾雨强度横向分布特征……56
3.2.4　入水激溅区雾雨强度垂向分布特征……61

3.3 入水激溅区雾雨强度空间扩散范围 ······ 65
3.3.1 入水激溅区雾雨纵向扩散范围 ······ 65
3.3.2 入水激溅区雾雨横向扩散范围 ······ 67
3.4 本章小结 ······ 68
第 4 章 跌流水力条件对入水激溅区雾雨扩散影响规律 ······ 69
4.1 单宽流量对跌流水舌入水激溅区雾雨扩散影响规律 ······ 69
4.1.1 单宽流量对跌流水舌入水激溅散裂形式的影响 ······ 69
4.1.2 单宽流量对跌流水舌入水激溅分布特征值的影响 ······ 71
4.2 水舌入水流速对跌流水舌入水激溅区雾雨扩散影响规律 ······ 79
4.2.1 水舌入水流速对跌流水舌入水激溅散裂形式的影响 ······ 79
4.2.2 水舌入水流速对跌流水舌入水激溅分布特征值的影响 ······ 81
4.3 水垫深度对跌流水舌入水激溅区雾雨扩散影响规律 ······ 87
4.3.1 水垫深度对跌流水舌入水激溅散裂形式的影响 ······ 87
4.3.2 水垫深度对跌流水舌入水激溅分布特征值的影响 ······ 89
4.4 入水激溅区雾雨扩散成因分析 ······ 95
4.4.1 单宽流量 ······ 96
4.4.2 上下游水头差 ······ 96
4.4.3 水垫深度 ······ 97
4.5 本章小结 ······ 97
第 5 章 跌流水舌入水激溅区雾雨扩散预测方法 ······ 98
5.1 概化分析模型 ······ 98
5.1.1 水滴随机喷溅数学模型 ······ 98
5.1.2 雾雨输运数学模型 ······ 100
5.2 水流条件对激溅扩散系数的影响规律 ······ 105
5.3 雾雨强度分布与扩散范围计算方法 ······ 107
5.3.1 雾雨强度纵向分布 ······ 107
5.3.2 雾雨强度横向分布 ······ 108
5.3.3 雾雨强度垂向等值线及分布范围计算方法 ······ 109
5.4 工程建议及防护 ······ 114
5.5 本章小结 ······ 115
第 6 章 结论与展望 ······ 116
6.1 结论 ······ 116
6.2 展望 ······ 117
参考文献 ······ 119

主 要 符 号

英 文 符 号

b	水舌宽度，m
b_0	水舌初始宽度，m
B	水舌厚度，m
B_0	水舌初始厚度，m
d	水滴直径，mm
Fr	弗劳德数
g	重力加速度，m/s^2
H	水头差，m
h	水垫深度，m
h'	堰顶水头高度，m
I	雾雨强度，mm/min
$I_{(x,y,z)}$	空间点(x, y, z)处的雾雨强度，mm/min
$I_{\max}$	雾雨强度最大值，mm/min
K	激溅扩散系数
K_1	对应$(80\pm20)\%I_{\max}$的激溅扩散系数
K_2	对应$(50\pm20)\%I_{\max}$的激溅扩散系数
K_3	对应$(20\pm20)\%I_{\max}$的激溅扩散系数
L_0	跌坎至水舌碰撞中心点的纵向距离，cm
L_b	水舌破碎长度，m
$L_{x10\%I_{\max}}$	水平面内 $10\%I_{\max}$纵向最远边界与碰撞中心点的距离，cm
$L_{x20\%I_{\max}}$	水平面内 $20\%I_{\max}$纵向最远边界与碰撞中心点的距离，cm
$L_{x50\%I_{\max}}$	水平面内 $50\%I_{\max}$纵向最远边界与碰撞中心点的距离，cm

$L_{y10\%I_{max}}$	水平面内 10%I_{max}横向最远边界与碰撞中心点的距离，cm
$L_{y20\%I_{max}}$	水平面内 20%I_{max}横向最远边界与碰撞中心点的距离，cm
$L_{y50\%I_{max}}$	水平面内 50%I_{max}横向最远边界与碰撞中心点的距离，cm
q	单宽流量，m^2/s
Re	雷诺数
S	水舌轨迹线长度，m
S_e	雨量筒的有效接水面积，mm^2
T	雨量收集时间，min
V_0	射流出射速度，m/s
V_j	射流入水碰撞速度，m/s
u_o	水滴初始抛射速度，m/s
u_{oe}	水滴特征抛射速度，m/s
We	韦伯数
x	距水舌碰撞中心点的纵向距离，cm
y	距水舌碰撞中心点的横向距离，cm
z	距水舌碰撞中心点的垂向距离，cm

希腊字母符号

θ	水舌入水角度(入水处与水平面的夹角)，(°)
α	激溅水滴出射角，(°)
α_e	特征出射角，(°)
φ	激溅水滴偏转角，(°)
β	水舌断面含水浓度
β_{max}	水舌断面上含水浓度最大值
σ	表面张力系数
υ	水流运动黏性系数

第1章 绪　　论

1.1 泄洪雾化现象及影响

1.1.1 研究背景及意义

我国幅员辽阔，河流众多，水能资源丰富。水电资源有可再生、无污染、运行费用低等优点。大坝是河流上常用的泄水建筑物，我国大坝建设有着悠久历史，浙江杭州良渚大坝(坝高 10m)的发现，证实我国大坝建设可追溯到 4800 多年前[1]。新中国成立以后，特别是改革开放后，我国大坝建设和坝工技术有了突飞猛进的发展，建成了大量坝高 200m 甚至 300m 的高坝或超高坝，例如雅砻江上的二滩及锦屏一级、澜沧江上的小湾和糯扎渡、金沙江上的溪洛渡、黄河上的拉西瓦等，我国部分高坝泄洪情况见表 1.1。我国高坝大多位于西部地区，泄水建筑物常伴有水头高、流量大、河谷窄等特点，泄流条件复杂。针对此类高坝，通常采用挑流消能方式，部分枢纽挑流水股甚至在空中发生碰撞，导致泄洪雾化问题十分突出，是枢纽安全运行的一大挑战。

表 1.1 我国部分高坝泄洪数据表[2-10]

序号	坝名	所在河流	坝高/m	下泄流量/(m^3/s)	泄洪功率/MW	泄洪方式
1	锦屏一级	雅砻江	305	10074	22210	4 表孔、5 深孔、2 底孔、1 泄洪洞
2	小湾	澜沧江	295	20700	33900	5 表孔、6 中孔、1 泄洪洞
3	两河口	雅砻江	293	8200	21000	1 溢洪道、2 泄洪洞
4	溪洛渡	金沙江	278	49923	58700	7 表孔、8 深孔、5 泄洪洞
5	糯扎渡	澜沧江	261.5	32533	66940	1 溢洪道、2 泄洪洞
6	拉西瓦	黄河	250	6310	12980	3 表孔、2 深孔、1 底孔
7	二滩	雅砻江	240	16500	26600	7 表孔、6 中孔、2 泄洪洞
8	水布垭	清江	233	18320	31000	1 溢洪道
9	构皮滩	乌江	232.5	27470	39600	6 表孔、7 中孔、2 底孔、1 泄洪洞

针对大坝泄洪消能问题，国内外学者进行了广泛研究，目前高坝坝身采用的消能方式主要有：深孔挑流消能、表孔跌流消能以及深、表孔联合消能。深孔挑流消能是指在泄水建筑物的末端设置挑坎，将下泄的高速水流挑向空中，然后落入离鼻坎较远的下游河床，

与下游水流相衔接的消能方式。表孔跌流消能指水流经坝顶自由跌落至下游水体中消耗能量的消能方式(图 1.1)。对于峡谷地区高泄流量工程，单一的泄洪方式已经不能满足泄洪要求，因此出现了表、深孔联合消能方式(图 1.2)。通常情况下，表孔采用跌流，深孔采用挑流布置式，形成表、深孔上下差动出流，碰撞分散入水。我国的二滩、小湾、构皮滩和溪洛渡等多座超高拱坝，均采用此消能方式。

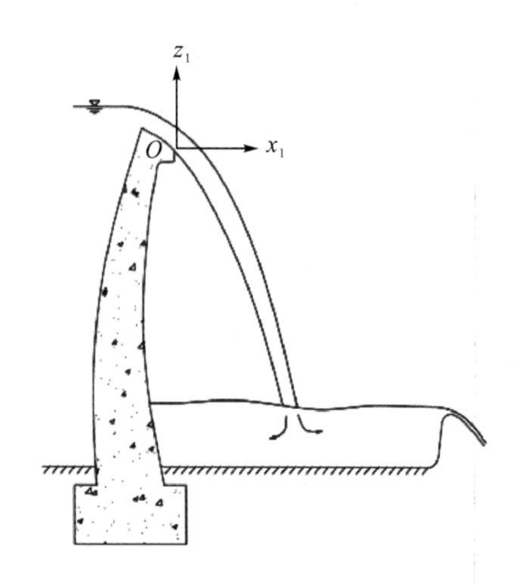

图 1.1 表孔跌流消能示意图

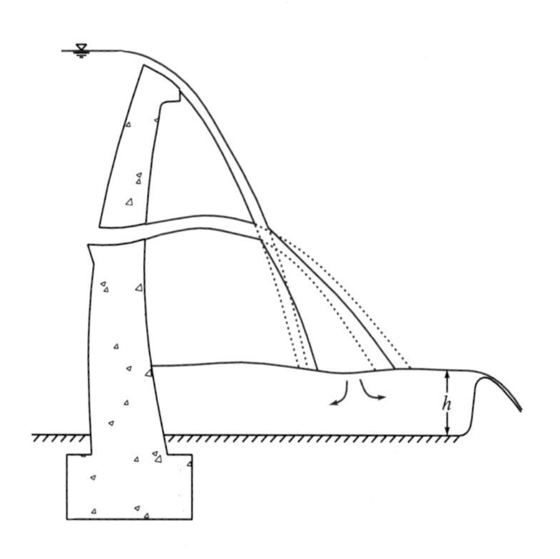

图 1.2 表、深孔联合消能示意图

泄洪雾化是指从泄水建筑物下泄的高速水流在扩散、碰撞及入水的过程中，与空气及坝下水体相互作用而形成的较大规模的降雨和雾流弥漫现象(图 1.3)。

图 1.3 高坝工程中的泄洪雾化现象(左图为二滩水电站，右图为锦屏一级水电站)

雾雨强度和雾化范围是描述泄洪雾化影响程度最主要的两个参数，雾雨强度为单位时间内的降雨强度，雾化范围为雾雨强度为零时边界所包围的区域。泄洪雾化是水-气两相流间复杂交互作用的结果，雾化范围和雾雨强度受水力条件、地形条件和气象条件等因素的综合影响，其中水力条件是最主要的影响因素，其与水头差、泄流量紧密相关，同时还受泄洪建筑物的体型、消能方式、运行调度等条件影响，例如，对于高水头、大流量、采用新型消能工的工程，其雾化效应明显加剧，地形条件和气象条件则对雾流扩散范围有较大影响[11]。

大坝空间位置高、泄流量大、河谷狭窄，所形成的雾化降雨范围大、强度高，这对大坝附近及下游产生了严重的危害，主要表现在以下几点。

(1)威胁电厂的正常运行。若位于泄洪暴雨区内的电站厂房排水不畅，将造成厂房积水，破坏发电结构，影响电厂运行。如黄龙滩水电站，1980 年在厂房附近形成倾盆大雨，厂房被淹，厂内发电机室水深达 3.9m，被迫停止发电 49 天[12]。

(2)影响机电设备正常运行。雾化降雨容易引起水电站输电线路跳闸，机电设备被迫停机。如新安江水电站，1983 年汛期泄洪时，雾化降雨使得变压器站跳闸，机组被迫停电；刘家峡水电站由于泄洪时温度较低，输电铁塔出现冰冻、冰挂现象，最终导致线路停电[13]。

(3)影响道路通行。大坝泄洪时水雾弥漫使得道路能见度极低，河谷风、水舌风、强降雨、冬季结冰使得道路难以通行。如鲁布革水电站泄洪导致右岸底层公路处于暴雨中心，能见度极低、风速大，威胁行人及车辆安全[14]。

(4)冲蚀两岸边坡，影响其稳定性。雾化降雨渗入土层、岩体内部，当下滑力大于抗滑阻力时，就会出现滑坡现象。如龙羊峡水电站右岸虎山坡岩体受泄流水雾冲刷与浸润出现蠕滑大变形，于 1989 年坍塌[15,16]。

(5)影响工作人员工作和居民正常生活。如柘溪水电站工程局办公大楼及部分生活区处于雾化范围，泄洪时狂风暴雨，无法正常工作，办公室被迫搬离[13]。

综上所述，受地形、河流水文特性的影响，许多大型枢纽工程泄洪伴随着强烈的雾化现象。泄洪雾化引起的降雨强度远大于自然降雨特大暴雨的降雨强度，对水利枢纽的正常运行、交通安全、下游边坡的稳定性及周围生态环境造成巨大影响[17]。泄洪雾化的雾化源主要来自三个方面：水舌空中扩散、水舌空中碰撞及水舌入水激溅，前人研究表明水舌空中扩散雾化源远小于水舌空中碰撞及水舌入水激溅雾化源[18]。跌流消能是水利工程中常见的表孔消能方式之一，尽管现今高坝工程坝身泄水孔多采用表、深孔分层布置式，但仅在流量较大时才采用表、深孔联合泄洪，研究表明在表孔跌流消能中水舌入水激溅是最主要的雾化源。

针对泄洪雾化这一对枢纽运行带来重大安全隐患的问题，学者通过原型观测、模型试验和数值模拟开展了大量研究[19-24]，对泄洪雾化现象有一些定性认识。但当前针对泄洪雾化，尤其是挑流和跌流水股冲击碰撞水垫塘产生的激溅雾化效应缺乏定性和定量的认识，比如激溅分布、雾雨强度等。因此对跌流水舌入水激溅区雾雨扩散特性进行深入研究，掌握跌流水舌入水激溅区空间雾雨强度分布规律及扩散范围，可为水利枢纽工程布置及防护措施的使用提供参考。

1.1.2　泄洪雾化研究常用方法

泄洪雾化具有雾雨强度大、降雨区域集中的特点，按照我国的气象降雨量等级划分标准，其一般为特大暴雨，产生的雾也多为强浓雾[25]，如溪洛渡水电站深孔泄洪时原型观测表明，观测范围内的最大雾雨强度达 4704mm/h，雾流在垂向高度上超过坝顶 50～60m，整个水垫塘及二道坝后 200m 范围雾化程度较严重，此区域在 450m 高程以下基本属于浓雾区[26]。对泄洪雾化开展研究，目的在于减小泄洪雾化带来的危害。由于泄洪雾化是受多种因素综合作用的复杂水-气两相流，因此很难采用一种方法对其进行准确预测，需要运用多种方法同时评估。当前主要通过原型观测、物理模型实验(简称物模实验)和数学模型对泄洪雾化过程开展系列研究。

(1)原型观测。

原型观测是了解泄洪雾化最为直观的方法，是目前研究泄洪雾化的主要手段。在观测过程中，通过肉眼观看、摄像机观测雾化范围，在特定测点放置雨量收集装置，通过记录收集到的雨量及起始时间，得到测量时间内特定测点的平均雾雨强度。由于雾化范围大，各区域的雾雨强度大小差异也很大，需要耗费大量人力物力，且受限于设备稳定性，获得的雾雨强度也只是放置在岸坡中装置的特定测点的雾雨强度，无法确定泄洪消能过程中各雾化源的量以及雾化在水垫塘区域和空中的浓度分布。原型观测都是针对某个枢纽工程在特定地形条件、水流条件、气象条件下进行的，因此这类结果不具有普适性。尽管如此，原型观测还是为人们了解泄洪雾化提供了最原始、最实际的基础资料，为物模实验和数学模型提供了重要的验证数据。我国对鲁布革[14]、大岗山[23]、溪洛渡[26]、宝珠寺[27]、白山[28]、瀑布沟[29]等水电站进行了原型观测，取得了宝贵的泄洪雾化资料，为泄洪雾化研究提供重要支撑。

通过对大量原型观测资料进行统计分析，刘宣烈等[12]根据雾雨强度和雾化浓度将雾化范围分为三个区：浓雾暴雨区、薄雾降雨区和淡雾水汽飘散区，并给出了各分区下雾化的纵向、横向和高度范围。

浓雾暴雨区：

$$\begin{cases} \text{纵向范围} & L_x = (2.2\sim3.4)H_s \\ \text{横向范围} & L_y = (1.5\sim2.0)H_s \\ \text{高度范围} & L_z = (0.8\sim1.4)H_s \end{cases} \tag{1.1}$$

淡雾水汽飘散区及薄雾降雨区：

$$\begin{cases} \text{纵向范围} & L_x = (5.0\sim7.5)H_s \\ \text{横向范围} & L_y = (2.5\sim4.0)H_s \\ \text{高度范围} & L_z = (1.5\sim2.5)H_s \end{cases} \tag{1.2}$$

式中，H_s为大坝高度(m)。

(2)物模实验。

物模实验因其具有便捷、可重复性强、可控制变量研究单一因素的特点，是原型观测的有效补充。南京水利科学研究院陈惠玲[30]对小湾水电站开展了 1∶60 的整体模型雾化实验，在雾雨量较大区域采用量筒测量，雾雨量较小区域采用斑痕法测量；天津大学练继建等[31]针对纳子峡水电站在泄洪期间电站厂房处于暴雨区的情况，对溢洪道挑坎体型进行优化；长江科学院陈端[32]研究不同流量和水头下江垭大坝的雾化情况，将雨强分区归纳为抛洒降雨区、溅水降雨区、雾流降雨区，并得到各分区原型雾雨强度和模型雾雨强度的关系式。

以上实验均取得较好的研究成果，但由于模型实验的缩尺效应，引发了原型观测和物模实验间的相似问题。除去水工模型试验需要满足的重力相似和黏滞力相似准则[33]，水股破碎、液滴碰撞和碎裂往往还受到表面张力的影响，因此在泄洪雾化试验中，还需要考虑韦伯数相似准则。前人对泄洪雾化的研究几乎都是针对挑流水舌进行的，挑流水舌的弗劳德数 Fr、雷诺数 Re、韦伯数 We 的表达式如下：

$$Fr = V_0 \Big/ \sqrt{g h_{\mathrm{w}}} \tag{1.3}$$

$$Re = V_0 h_{\mathrm{w}} / \nu \tag{1.4}$$

$$We = (\rho \gamma V_0^2 / \sigma)^{0.5} \tag{1.5}$$

式中，V_0 为挑流出坎流速(m/s)；h_{w} 为出坎水深(m)；υ 为水流黏滞系数($\mathrm{m^2/s}$)；σ 为表面张力系数(N/m)；γ 为特征长度(m)，由于射流在空中运行时，其纵向运动轨迹的曲率半径大，表面水体容易在纵向失稳，所以特征长度 γ 采用纵向轨迹的曲率半径。

(3)数学模型。

数学模型是一种基于原型观测和物模实验的半经验半理论分析方法。它费用低、省时高效，可实现理想状态下的模拟，数据信息量大而丰富，便于修改等。但是数值计算的准确性依赖于理论分析和假设条件，因此，数值计算结果需对比物模实验或原型观测成果以验证其准确性。数学模型包括 BP(back propagation)神经网络模型[34]、模糊预测模型[35]、水滴随机喷溅数学模型[36-38]、雾雨输运数学模型[39]、基于水-气两相流的数学模型[40,41]等，其中水滴随机喷溅数学模型应用最为广泛，该数学模型通过求解追踪喷溅水滴的飞行路径运动方程，将每个水滴的体积累计到地面上与其着陆坐标相对应的网格中，以获得一段时间后各网格中累计的雨量。我国广大学者[24,36-38,42-46]对水滴随机喷溅数学模型进行了大量研究，并将水滴随机喷溅数学模型计算结果与物模实验或原型观测的数据作对比分析，结果令人满意。

1.1.3　泄洪雾化机理研究

20 世纪 60 年代以来，泄洪雾化导致的工程事故频发，从而引起了水利界对泄洪雾化的关注[47]。自发现泄洪雾化问题后，国内学者对其开展了广泛研究，对泄洪雾化的机理已有初步认识。前人研究表明，泄洪雾化的雾化源主要来自三个方面：水舌空中扩散、水舌空中碰撞及水舌入水激溅。

(1)水舌空中扩散。

当下泄的高速水流脱离跌(挑)坎在空气中运动时，由于空气和水舌的相互作用，在空气和水舌的交界边缘就会分别形成两个边界层，并且在交界处有旋涡产生。当两边界层交汇后，旋涡也会相互掺混和交换，从而加剧紊动，使得水舌不断扩散形成掺气水舌。与此同时，少量水滴和水块会从水舌边缘分裂出来，分裂出来的水滴和水块可能在运动过程中发生二次分裂，成为更小的水滴。因此，形成了雾化降雨或水雾。

(2)水舌空中碰撞。

一些工程采用空中碰撞的方式来消除部分能量，以降低水舌跌入下游水体中的能量。碰撞使得水舌紊动和变形剧烈增加，动能大大减小，使得边缘处含气浓度高的水团被带到水舌核心区，水舌掺气浓度增加，加剧水舌散裂程度。最终从水舌分离出来的水滴和水块更多，加剧雾化现象。

(3) 水舌入水激溅。

当水舌结束空中运动后，会以较高的速度撞击下游水体。当水舌与下游水体刚撞击时，下游水体不能及时排开，此时会产生类似刚体撞击固体的现象，并且会在撞击点产生较大冲击力。当水舌撞击下游水体后，水舌中的大部分水流会在下游水体中形成淹没射流，而小部分在压弹效应和水的表面张力作用下反弹，成为激溅水块和水滴向四周抛射出去。在水舌风、坝后场风、空气阻力等作用下，激溅水块和水滴会进一步破碎，最终大直径水滴会形成雾化降雨，而小直径水滴会形成水雾，在空中不断运动并向外扩散。

哪一种雾化源占主导地位如今还没有统一定论，不过大多数学者认为水舌空中扩散形成的雾化量较小，而水舌空中碰撞和入水激溅产生的雾化量较大。因此，根据泄洪雾雨强度和各区域的雾化形态特征，可将泄洪雾化主要分成溅水区和雾流扩散区两个部分。前者是指水舌在空中碰撞点到入水点后的一定范围，包括水舌碰撞区和入水激溅区，此部分主要是强暴雨区(又分为暴雨区和溅雨区)；而后者是指溅水区之后的区域，主要包括雾流降雨区和雾化区。泄洪雾化分区示意图如图 1.4 所示。

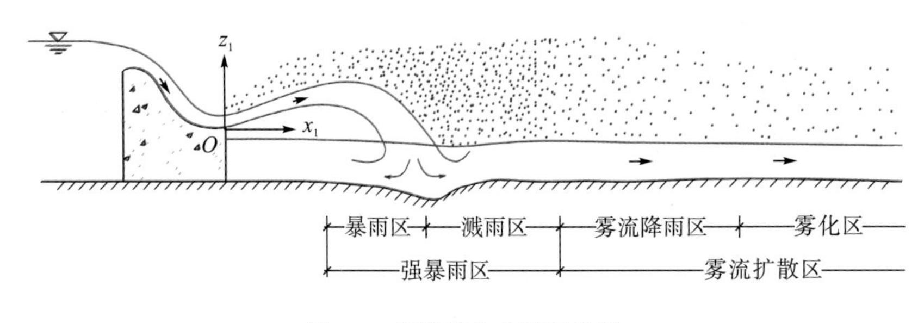

图 1.4 泄洪雾化分区示意图

1.2 国内外研究现状

1.2.1 射流空中扩散研究现状

1. 射流空中运动机理

自泄水建筑物下泄的高速水流离开跌(挑)坎后，水舌带动附近的空气运动。由于空气和水舌的相互作用，在空气和水舌交界边缘就会分别形成两个边界层。由于黏滞力作用，水舌表面的流体微团速度慢慢减小，与此同时，空气与水舌相互掺混和交换，形成掺气水舌。

由于空气对运动水舌有阻滞作用，在二者交界面会产生一些细小的波纹，当波幅加大后就会产生小旋涡，随着边界层发展，旋涡将会渗入水舌内部。当与对面边界层交汇碰撞后，将会破碎成更小的旋涡，使得水舌内部紊动增加，加快水舌散裂扩散。

此外，黏滞力也会使得水舌表面形成较大的波纹，在运动过程中，波纹不断聚集能量，波幅增大，形成较大的旋涡，在大旋涡和小旋涡的共同作用下，水舌进一步分裂为水束，水舌破碎就会分裂出水片或者是水滴。随着水舌分裂破碎，水舌掺气浓度增加、密度减小、厚度增大。

由于水舌的不稳定性和水舌出口流速脉动等，水舌在运动的过程中会围绕其运动轨迹线不断地摆动。同时，水舌的摆动加剧了水舌内部紊动，促使旋涡产生和碰撞，进一步加速水舌分裂和破碎。

刘宣烈等[48]在总结分析水舌空中运动资料的基础上，把初始断面未掺气的挑流水舌在空中运动过程分为四个区段：初始段、过渡段、分裂段和破碎段(图 1.5)。

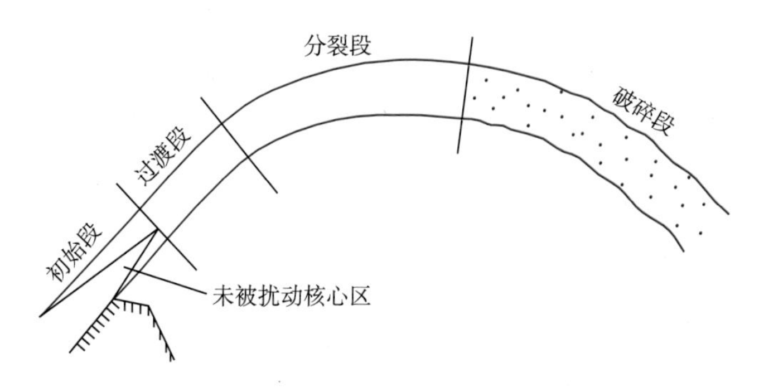

图 1.5　挑流水舌空中运动过程及分区

在初始段中，有一近楔形的未被外界流体扰动的核心区，在核心区外部为受空气扰动的边界层，该段长度约为水舌初始厚度的 10 倍。过渡段水舌表面有大波纹产生，同时有很多水颗粒分离出来；在该段中可发现有空隙存在，但基本上还是紧密的。分裂段水舌分裂为水片、水束，存在明显空隙；射流不断摆动，呈现出断断续续的状态；该段终点距离水舌入水的曲线距离为水舌初始厚度的 50～60 倍。破碎段前部由大水片组成，中部为小水片，后部为水滴。

2. 射流空中扩散国内研究现状

1982 年和 1989 年，刘宣烈等[49,50]认为在计算挑流水舌水平挑距和轨迹时，若忽略空气阻力影响，其误差高达 30%以上，由此推导了考虑空气阻力情况下射流运动过程，对比分析是否考虑空气阻力影响下射流运动特性的区别。考虑空气阻力影响下水舌的运动轨迹仍是抛物线：

$$z_1 = x_1 \tan\theta_0 - C_1 \frac{g{x_1}^2}{2\left(V_0 \cos\theta_0\right)^2} \tag{1.6}$$

式中，x_1 是距离鼻坎的纵向距离(m)，z_1 是距离鼻坎的垂向距离(m)，θ_0 是水舌出射角(°)，V_0 是水舌初始出射速度(m/s)，C_1 是空气阻力系数，$C_1 = 0.765 + 0.05Fr_0$，Fr_0 是鼻坎处的弗劳德数。

水舌水平挑距 L_{T} 计算公式如下：

$$L_{\mathrm{T}}=\frac{\Psi^2 H_1\sin 2\theta_0}{C_1}\left(1+\sqrt{1+\frac{C_1 H_2}{\Psi^2 H_1\sin^2\theta_0}}\right) \tag{1.7}$$

$$\Psi^2=1-0.0186\frac{S_{\mathrm{c}}^{0.766}\Delta^{0.233}H_2^{0.5}}{h_k^{1.5}} \tag{1.8}$$

式中，H 为上游水位至鼻坎的高差(m)；H_2 为鼻坎至下游水位的高差(m)；Ψ 为坝面流速系数；S_{c}为溢流面表面流程长度(m)；Δ为溢流面表面粗糙度(mm)，可取为0.61～1.0mm；h_{k}为临界水深(m)。

水舌入水处与水平面的夹角 θ 为

$$\tan\theta=\tan\theta_0-C_1\frac{1}{2\Psi^2 H_2}\left(1+\tan^2\theta_0\right) \tag{1.9}$$

射流曲线长度 S_{L} 计算公式如下：

$$S_{\mathrm{L}}=\frac{1}{4a_1}\left[(2a_1x_1+a_2)\sqrt{A}-a_2\sqrt{a_3}\right]-\frac{a_2^{\ 2}-4a_1a_3}{8a_1^{1.5}}\ln\frac{2a_1x_1+a_2+2\sqrt{a_1H_2}}{2\sqrt{a_1a_3}+a_2} \tag{1.10}$$

式中，$A=a_1x_1^2+a_2x_1+a_3$；$a_1=\dfrac{C_1^2g^2}{(V_0\cos\theta_0)^4}$；$a_2=-2\tan\theta_0\dfrac{C_1g}{(V_0\cos\theta_0)^4}$；$a_3=1+\tan^2\theta_0$。

1984 年，姜信和等[51]通过实验分析了二元挑流水舌在空中的掺气与扩散特性。结果表明，对于挑角大于零的二元挑射流水舌，在挑射轨迹最高点之前，水舌厚度扩散率并非常数，在挑射轨迹最高点之后，水舌厚度外边界扩散率为1/40；挑流水舌断面含水浓度β分布并不对称，最大值 $\beta_{\max}$ 偏向水舌的下缘，并且β分布符合高斯分布：

$$\beta/\beta_{\max}=\exp\left[-0.693\left(l_{\mathrm{m}}/B_{1/2}\right)^2\right] \tag{1.11}$$

式中，l_{m} 为含水浓度测点距 $\beta_{\max}$ 的距离(m)，$\beta_{\max}$ 为水舌上下两边各自的 $B_{1/2}^{+}$ 和 $B_{1/2}^{-}$ 整理得到的断面 β 分布，$B_{1/2}$ 为 $\beta=1/2\,\beta_{\max}$ 处 $\beta_{\max}$ 的值(m)。

1988 年，刘宣烈等[48]通过实验的方法研究不同单宽流量和出射角情况下挑流水舌扩散规律，通过自制的测厚仪和图片拍摄确定水舌沿程厚度，运用毕托管测量水舌内部流速分布，并讨论了水舌的能量损失特性。实验表明，水舌任一断面厚度的表达式可写为

$$\frac{B}{B_0}=1+\left(0.038+0.0144\frac{\theta_0}{180^\circ}\right)\frac{S}{B_0} \tag{1.12}$$

简化为

$$B=B_0+0.04S \tag{1.13}$$

式中，S 为水舌厚度为 B 的断面到初始断面的曲线距离(m)；B_0 为水舌初始厚度(m)。

水舌运动速度与旋涡扩散幅度分布有关，旋涡扩散幅度的分布符合正态分布，因此水舌断面流速也符合正态分布：

$$v_i/v_m=\exp\left[-C_2\left(\frac{2l}{h_i}\right)^2\right] \tag{1.14}$$

式中，v_{i} 为水舌内距离最大速度点的距离为 l 的点的速度(m/s)；v_{m} 为水舌任一断面的最大流速(m/s)；C_2 为系数；v_{m} 和 C_2 分别表示为

$$v_{\mathrm{m}}=\left(1-0.0018S/B_0\right)\sqrt{V_0^2\pm 2gz_1} \tag{1.15}$$

$$C_2=-\ln(0.915-0.0021S/B_0) \tag{1.16}$$

随着水舌在空中运动，其能量损失率不断增加，其变化η(%)用下式表示：

$$\eta=0.0457\left(S/B_0\right)^{1.5} \tag{1.17}$$

1989 年，刘宣烈等[52]通过电阻式掺气仪和近景立体摄像测量不同流量下跌流水舌(出射角为俯角)掺气浓度和扩散范围，得到了水舌断面含水浓度分布，总结了三维水舌纵向、横向扩散规律。结果表明，由于跌流水舌倾角较大、重力影响较小，跌流水舌断面含水浓度β分布是对称的，这一点不同于挑流水舌断面含水浓度β分布(非对称)[51]。但是，跌流水舌含水浓度β分布同样符合高斯分布，且与姜信和[51]整理的挑流水舌含水浓度β分布表达式相同，表明跌流水舌和挑流水舌在断面含水浓度β分布上是相似的。水舌断面平均含水量β_{avg}与Fr之间的关系为

$$\beta_{\mathrm{avg}}=\alpha_1 Fr^{-(5/3)} \tag{1.18}$$

式中，$\alpha_1=3.80Fr_0-4.75\left(Fr_0\geqslant 3.0\right)$；$Fr=V_{\mathrm{avg}}^{1.5}/\sqrt{gQ/b}$，$V_{\mathrm{avg}}$为射流断面的平均流速(m/s)，$V_{\mathrm{avg}}=\varphi_0\sqrt{V_0^2+2gz_1}$，为射流在空中的流速系数。

水舌横向扩散宽度表达式为

$$b/b_0=1+\left[0.426Fr_0\left(b_0/B_0\right)^{-3}-0.0032\right]\times S/B_0 \tag{1.19}$$

水舌纵向扩散厚度表达式为

$$\begin{cases} B/B_0=1+0.02S/B_0, & S/B_0\leqslant 5 \\ B/B_0=1.1\exp\left[C_3\left(S/B_0-5\right)^{n_1}\right], & S/B_0>5 \end{cases} \tag{1.20}$$

式中，$C_3=(0.264Fr_0-0.555)/(b_0/B_0)$；$n_1=0.97(b_0/B_0)^{-0.321}$；$b$为水舌宽度(m)；$b_0$为水舌初始宽度(m)；$B$为水舌厚度(m)。

1989 年，姜信和[53]假设空中二元挑流水舌断面流速和含水浓度β沿水舌中心轨迹对称并且符合高斯分布，水气总流量变化与水舌中心线上的流速成正比，在忽略空气阻力仅考虑重力作用下，根据流量守恒和动量定理，推导了二元挑流水流在空中的扩散过程，结合实验资料，得到水舌掺气卷吸系数E的半经验半理论公式：

$$E=\frac{\left(1-\dfrac{1}{\beta_{\max}}\right)\left(1+C_4^2\right)^{\frac{1}{2}}}{\sqrt{2C_4\left(1+2C_4^2\right)^{1/4}Fr_0^2\cos^2\theta_0 I\left(x\right)}} \tag{1.21}$$

其中，

$$I(x)=\int_{\tan\theta_0-\frac{gx_0}{V_0^2\cos^2\theta_0}}^{\tan\theta_0-\frac{gx_1}{V_0^2\cos^2\theta_0}}\left\{\frac{2}{\sqrt{1+2C_4^2}}+2\cos^2\theta_0\left[\zeta^2-\left(\tan\theta_0-\frac{gx_0}{V_0^2\cos^2\theta_0}\right)^2\right]\right\}^{\frac{1}{2}}\sqrt{1+\zeta^2}d\zeta \tag{1.22}$$

式中，C_4为无量纲待定常数；Fr_0、V_0、θ_0分别为射流初始弗劳德数、出射速度(m/s)和出射角度(°)；x_0为未掺气核心区末端x_1坐标值(m)；ξ为无量纲系数，表示为$\xi=2L_1/(b_0Fr_0^2\cos\theta_0)$。

1994 年，吴持恭等[54]运用自模型理论和水相紊流扩散方程，推导出二维及三维空中自由射流断面含水浓度分布的理论表达式。

二维空中自由射流断面含水浓度分布表达式为

$$\frac{\beta}{\beta_{\max}}=\exp\left[-3.1416\left(2l_{\mathrm{i}}/B\right)^{2}\right] \tag{1.23}$$

三维空中自由射流断面含水浓度分布表达式为

$$\frac{\beta}{\beta_{\max}}=\exp\left\{-3.1416\left[\left(2l_{\mathrm{i}}/B\right)^{2}+\left(2l_{\mathrm{j}}/b\right)^{2}\right]\right\} \tag{1.24}$$

式中，l_{i}为横断面上某点距水舌中心线的纵向距离(m)；l_{j}为横断面上某点距水舌中心线的横向距离(m)；B为水舌厚度(m)；b为水舌宽度(m)。

1995 年，刘士和等[55]将挑流水舌分为三个区域：水核区、水挟气泡区和掺混区，如图 1.6 所示。水核区是指未被外界流体扰动、无气泡掺入的区域，其半宽(水舌外边界距水舌中心线的距离)用 H_{w} 表示；水挟气泡区是指气泡浓度小，掺入的气泡对水舌流动结构影响可以忽略的区域，该区域半宽用 H_{b} 表示；掺混区是指掺气浓度和含水浓度均较高的区域，半宽表示为 H_{a}。

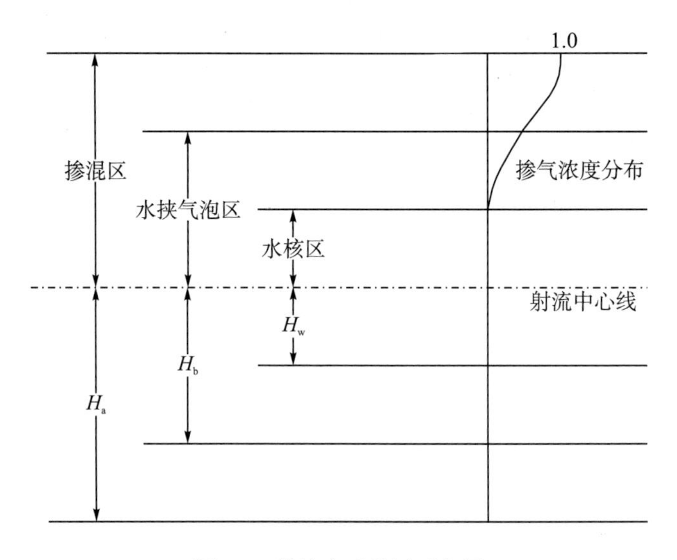

图 1.6 挑流水舌分区示意图

同时，推导出掺混区含气浓度分布的表达式为

$$C\left(x_{1},z_{1}\right)=C_{\mathrm{a}}\left(x_{1}\right)+\left[1-C_{\mathrm{a}}\left(x_{1}\right)\right]erf\left(\frac{z_{1}-H_{\mathrm{b}}}{H_{\mathrm{a}}-H_{\mathrm{b}}}\right) \tag{1.25}$$

式中，C_{a} 为水挟气泡区与掺混区交界面处的时均含气浓度；erf 为误差函数，$erf\left(x_{1}\right)=\dfrac{2}{\sqrt{\pi}}\int_{0}^{x_{1}}\mathrm{e}^{-t^{2}}\,\mathrm{d}t$。

2002 年，刘士和等[56]以平面充分掺气散裂射流数学模型为基础，表明空中消能率随初始弗劳德数和初始含水浓度的增大而增大，随初始挑角的增大而先增大后减小，平面充分掺气散裂射流挑距 L_T 表达式如下：

$$L_T = L_1\left(1-\frac{1}{6}\frac{C_f}{\beta_{avg}}\frac{Fr_0^2}{\sin\theta_0}\xi^2\frac{1-\xi\sin\theta_0+0.1\xi^2}{\sqrt{1+\frac{4}{Fr_0^2\sin^2\theta_0}\frac{\Delta S}{b_0'}}}\right) \tag{1.26}$$

式中，L_1 表示挑坎末端与下游水面高差为 ΔS 时水舌的挑距，表达式如下：

$$L_1 = \frac{V_0'^2\sin 2\theta_0}{2g}+\left(1+\sqrt{1+\frac{2g\Delta S}{V_0'^2\sin^2\theta_0}}\right) \tag{1.27}$$

式中，V_0' 、β_{avg} 、b_0' 分别表示平面充分掺气散裂射流出挑坎时的断面平均流速(m/s)、断面平均含水浓度及射流宽度(m)；ξ 为无量纲系数，表示为 $\xi = 2L_1/(b_0Fr_0^2\cos\theta_0)$ 。

2004 年，张华等[57]在考虑重力、阻力和浮力作用下建立了掺气水舌运动的微分方程，并采用四阶龙格-库塔法求得数值解。将挑流水舌外缘挑距计算值与原观值对比，其最大相对误差为 3.4%。

2015 年，毛栋平[58]从细观尺度，以加压射流装置产生的圆柱射流研究空中水流的散裂特性，采用高速摄影技术观察了不同射流速度和管径下射流散裂过程中水股的破裂和水点的产生形式，研究表明随着流速的增大，水体的散裂程度增大，水滴散裂角度的平均值及最大值增大，水滴运动速度先增大后趋于稳定，图 1.7 为高速摄像机拍摄的射流散裂形态。

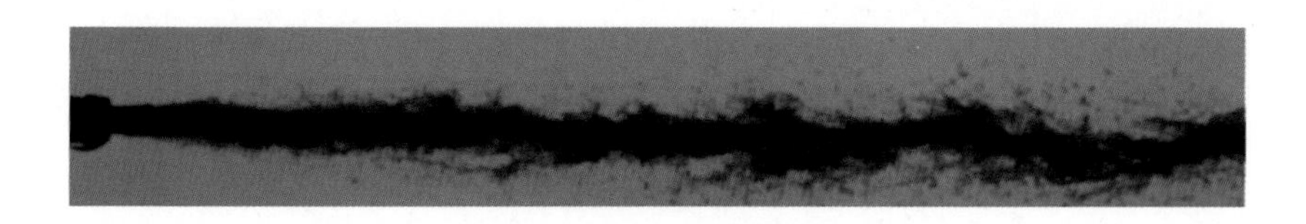

图 1.7　圆柱射流散裂形态

近些年，由于西部地区水利枢纽工程的大量修建，人们开始关注高海拔、低气压条件下水舌运动特性。2018 年，庞博慧等[59]运用 Flow-3D 计算流体力学软件探讨了压强对水舌挑距的影响。结果表明：气压越低，空气密度和阻力越小，水舌挑距越远，气压每下降 10kPa，水平挑距呈 1%～2%的增大趋势。2019 年，练继建等[60]通过减压箱控制实验压强，研究压强变化对水舌特性和消力池动水压力的影响，发现减压使水舌的掺气量减小，扩散程度降低，对水舌挑距影响不明显。关于气压对挑流水舌特性的影响还需要进一步研究。

3. 射流空中扩散国外研究现状

射流扩散属于流体力学范畴，应用于水利水电工程、给水排水工程、航空航天工程、环境工程、化工、冶金、能源、机械等多个领域。在国外，众多学者对射流扩散现象进行了广泛研究。

1982 年，Reitz 等[61]在恒温条件下，通过增加封闭空间的气体压力和密度来实现喷射雾化，用 14 种不同几何形状的喷嘴将高速液体喷射入带有静止气体的封闭空间。实验表明，在一定条件下，喷嘴出口处会出现圆锥形喷雾，该喷雾包含的液滴尺寸远远小于喷嘴直径。

1995 年，Shavit 等[62]通过雾化发生器同时射出圆形液体射流和空气环形射流，液体射流被空气射流所包围，研究不同液体流速、空气流速作用下破碎区气液界面的分形维数。研究表明，增大空气流速会增大分形维数，最大分形维数会更接近喷嘴出口；增大液体流速会减小分形维数，最大分形维数会远离喷嘴出口。2005 年，Sevilla 等[63]则研究了环形液体包围圆形气体射流的破碎特性。

1998 年，Rajaratnam 等[64]研究了空气中高速水射流水浓度分布。喷嘴的直径为 2mm、2.5mm 和 3mm，喷射速度范围为 85～155m/s。研究发现，射流内部存在一个区域，该区域大部分为水，而外部由于气体作用产生细雾，二者之间存在一个过渡区域。射流轴线上的水浓度随轴向距离的增加而减小，当距离喷嘴出口的轴向距离为喷嘴直径的 20 倍时，水浓度为 20%；距离为喷嘴直径的 200 倍时，水浓度迅速下降为 2%。

2005 年，Heller 等[65]针对不同挑角、挑流半径、挑坎水深及流速情况下的挑流水舌进行实验。分析挑坎的压力分布、射流轨迹、射流在空中的能量耗散、射流对消力池的冲击等特性。

2008 年，Steiner 等[66]研究了三角形斜坎而不是传统的圆形挑坎的射流水力性能。研究发现，上游水流弗劳德数、斜坎高度和偏转角度对斜坎压力分布、射流轨迹、射流在空中的能量耗散、下游水体冲击波的形成和扩散特性有显著影响。

2008 年，Schmocker 等[67]研究了预掺气水流条件下，水流经挑坎射向空中的发展过程。在实验过程中，挑坎的几何形状保持不变，在水舌不同断面位置测量空气浓度分布，分析射流空气浓度分布、横截面最小空气浓度位置以及横截面平均空气浓度分布、射流轨迹、空气夹带特性和射流破碎过程。结果表明，挑坎弗劳德数、挑坎水深和预掺气均对射流破碎有显著影响，得到的射流特性表达式如下。

射流轨迹 z：

$$z_1 = x_1 \tan\theta_0 - \frac{gx_1^2}{2V_0^2 \cos^2\theta_0} \tag{1.28}$$

射流沿程水舌厚度 B：

$$B / B_0 = 1.26 + 0.052 \frac{x_1}{B_0(1 - C_0)}, \quad x_1 / B_0 < 60 \tag{1.29}$$

射流断面平均空气浓度 C_{avg}：

$$C_{avg} = \tan(0.02X), \quad 0 < X < 60 \tag{1.30}$$

射流断面最小空气浓度 C_{min}：

$$C_{min} = \left[\tan(X / 30P)\right]^3, \quad 0 < X < 60 \tag{1.31}$$

预掺气射流最大断面流速 V_{max}：

$$V_{max} / V_0 = 1.12(1 - 0.0125X), \quad 0 < X < 50 \tag{1.32}$$

式中，$X = x_1 \times R / (Fr_0 \times h_0^2)$；$R$ 为挑坎半径(m)；h_0 为挑坎水深(m)；Fr_0 为挑坎弗劳德数；P 为掺气系数，预掺气的水流取 1，未预掺气的水流取 2；θ_0 为射流出射角(°)；V_0 为射流出射速度(m/s)；C_0 为出射前水舌断面空气浓度，纯水情况下 C_0=1。

2010 年，Anirban 等[68]借助于 Fluent 计算流体软件，采用欧拉多相流模型和标准的

k-ε 湍流模型，结合一种新的质量和动量传递数学模型，对高速喷嘴射流进行数值模拟，预测高速水流在空中的运动速度、压力分布和水的体积分数。将计算结果与实验数据对比，结果表明该数学模型能较好地预测高速水射流在空气中的流动特性。

2009 年和 2012 年，Pfister 等[69,70]研究了预掺气斜坎射流轨迹和空气浓度变化，并指出其与未掺气射流的不同之处。2014 年，Pfister 等[71]对不同挑坎体型射流下的挑流轨迹、用于轨迹计算的虚拟初始抛射角度、截面平均和最小空气浓度、沿程空气浓度分布进行了深入研究。结果表明，射流沿程空气浓度分布完全取决于射流黑水核心长度。

2013 年，Zhang 等[72]运用圆形喷嘴向水中垂直向上喷射水气混合物，研究在横向水流影响下射流扩散特性。实验观察到离开喷嘴一定距离后气泡与射流分离的现象。射流孔隙率、气泡数量在射流径向上的分布符合高斯分布，气泡速度在横向上同样符合高斯分布。2015 年，Zhang 等[73]采用圆形喷嘴向空中以 45°的方向倾斜向上喷射水气混合物，结果表明，向水射流中注入空气将显著加速水射流在空气中的破碎，使水射流扩散更广、更均匀。同时，水滴的尺寸大大减小，但水滴的速度只会稍微减小一点。

2014 年，Castillo 等[74]研究自由跌流进入消力池前的破裂程度、消力池底部压力变化及分布规律。实验装置（图 1.8）主要是由上游的矩形水槽和下游的透明玻璃矩形水槽组成，可以通过移动设备调节上游水槽的高度以改变上下游水头差。实验中水头差为 1.7m、2.35m、3m，单宽流量为 0.020～0.058m^2/s。运用探针测量水舌内个别测点的平均流速和空气浓度，采用预先安装在水槽底部的压力传感器测量压力变化。

图 1.8　跌流实验装置图[74]

Castillo 等[74]结合理论和实验数据，得到了矩形自由跌流的破碎长度和水舌入水厚度表达式。他们还根据自由跌流的水舌破碎长度和水垫塘水深，将射流碰撞分为 4 个类型：①未发展的射流和浅水池（$H/L_b \leqslant 1$，$h/B_j \leqslant 5.5$）；②未发展的射流和深水池（$H/L_b \leqslant 1$，h/B_j

＞5.5)；③发展的射流和浅水池(H/L_b＞1，h/B_j≤5.5)；④发展的射流和深水池(H/L_b＞1，h/B_j＞5.5)。其中，H 为水头差(m)；L_b 为水舌破碎长度(m)；h 为下游水垫深度(m)；B_j 为水舌入水厚度(m)；h/B_j 为无量纲水舌入水厚度。Castillo 等[75,76]还运用 ANSYS CFX 软件计算了该跌流过程，将计算结果与实验室测量数据及经验公式进行比较，结果令人满意。

综上所述，射流空中扩散不仅涉及水利工程中水舌的扩散，还涉及化工、冶金等领域圆柱射流的扩散。在水舌空中扩散方面，主要是对水舌轨迹、沿程宽度、厚度、掺气浓度、流速分布的研究；在圆柱射流扩散方面，通常以较高的速度喷射圆柱射流，研究喷嘴直径、射流速度等参数对散裂特性的影响。

1.2.2 射流空中碰撞研究现状

1. 射流空中碰撞国内研究现状

在我国，采用水舌空中碰撞消能方式的水利工程最早始于 20 世纪 50 年代，当时陈村的泉水拱坝运用坝身两侧的滑雪式溢洪道对冲碰撞消能[11,77]。后来随着高坝建设的消能需求，出现了高、低孔空中碰撞的消能方式，自该消能方式在二滩水利工程(坝高 240m)中取得良好的消能效果后，在后续高坝及超高坝建设中得到了广泛应用，实际工程有二滩、白山、小湾、构皮滩和溪洛渡等水利枢纽[78]。

1992 年，郭亚昆等[79]采用复变函数的方法求得表、中孔泄流水舌运动，并计算了二滩水电站不同表孔俯角和中孔挑角情况下碰撞点位置。结果表明，碰撞角随表孔俯角和中孔挑角增大而增大，并指出在工程中，表、中孔水舌碰撞角宜大一些，以提高水舌碰撞消能率，并且碰撞点宜位于中孔水舌上升段。

1995 年，刘沛清等[80]基于流体力学的动量积分方程，在二元流情况下推导出两股水舌在空中高、低碰撞消能的有关水力公式，提出水舌碰撞消能率的概念及计算式：

$$\eta = \frac{E_1 + E_2 - E}{E_1 + E_2} \tag{1.33}$$

其中，$E_1 = q_1 \dfrac{V_{1M}^2}{2g}$；$E_2 = q_2 \dfrac{V_{2M}^2}{2g}$；$E = q_M \dfrac{V_M^2}{2g}$。

式中，q_1、q_2、q_M 分别为高孔、低孔、汇合后水舌的单宽流量(m^2/s)；V_{1M}、V_{2M} 分别为高、低孔水舌在碰撞点 M 碰撞前的流速(m/s)；V_M 为水舌汇合后在碰撞点 M 的流速(m/s)。

1998 年，刁明军等[81]指出高、低碰撞的两股水流流量比不必接近于 1，用小股射流碰撞大股主射流，同样可以使主射流充分散裂，达到期望的消能效果，并运用模型实验对比了不同流量比下水垫塘底部冲击压力。结果表明，流量比在 0.1 时，主射流即可被分散，达到 0.15 左右时，射流散裂已很充分，可完全满足消能要求。

2002 年，孙建等[82]分析了表、中孔水舌高、低碰撞能量损失、3D 扩散和漏碰等水力特性，运用动量方程和水舌空中扩散宽度沿程变化规律导出 3D 碰撞流速、碰撞效率和碰撞能量损失，得出碰撞最佳水力条件。2004 年，孙建等[83]推导出水舌空中左、右碰撞后的碰撞流速、碰撞消能率计算公式，并对比分析了水舌空中左、右碰撞与高、低碰撞方式下水舌的碰撞角，碰撞消能率和其空中扩散方面的差异。

2002 年，刘士和等[84]对两股水射流的碰撞特性进行探讨。两股射流相互碰撞后，将形成一股合成的汇合水流流动。最初射流尺寸有压扁现象，在两股相互碰撞的射流汇合后，总射流又以一定的角度继续运动。并给出了二维条件下，两碰撞消能水舌碰撞段的水量平衡方程、碰撞前后的水-气两相流连续方程和动量方程。在假设碰撞前两股水流平均流速、厚度、碰撞角度相同的条件下，得到了高速碰撞水流单位时间单位宽度的碰撞消能率表达式。

2019 年，练继建等[85]提出了联合雾化源场和雾化雨场特征的雾化预测调控方法，并以旭龙水利枢纽工程为实例，对比不同挑坎体型对雾化源分布位置、大小及雾化范围的影响。

2018 年和 2019 年，袁浩等[86,87]对高、低孔两股射流在空中碰撞的散裂特性进行了详细实验研究(图 1.9)。研究结果如下：①得到了射流空中碰撞散裂空间雨强扩散规律；②揭示了高、低孔流量比与碰撞角对空间雨强分布规律的影响，提出了空间雨强最大值计算公式和纵向轴线雨强分布计算公式；③揭示了高、低孔射流的流量比及碰撞角对散裂水舌轨迹的影响规律；④从细观上揭示了射流空中碰撞散裂后水点个数频率、直径与速度的空间演变规律。

图 1.9　两射流空中高、低碰撞散裂形式

2. 射流空中碰撞国外研究现状

在国外，高水头、大流量的水利枢纽工程不多，因此有关水舌空中碰撞的研究相对较少。对于射流碰撞的研究主要集中于两股圆柱射流在不同黏性的液体、喷嘴直径、喷射速度、碰撞角度下形成的液膜形状、厚度及速度分布，以及液丝、液滴的变化过程。

1957 年，Heidmann 等[88]研究了不同液体、喷射流速、喷嘴孔径、碰撞角度的两股碰撞射流对雾化结构的影响。实验条件为：射流流速 1.52～30.48m/s，喷嘴直径 0.64mm、1.00mm、1.45mm，碰撞角度 2θ 为 20°～100°(图 1.10)。结果表明，在充分发展的喷雾中，随着喷射流速增加和碰撞角减小，液膜上波频率增加。碰撞前，喷嘴直径和长度对波频率的影响可以忽略不计。1964 年，Dombrowski 等[89]做了类似的实验，研究不同喷射流速和碰撞角度的影响。

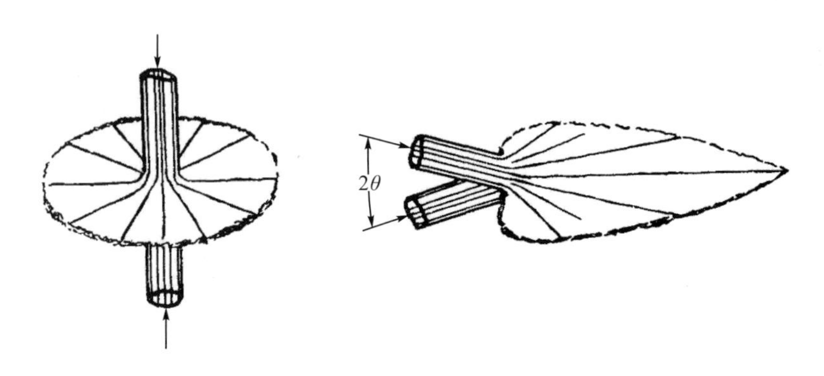

图 1.10 圆柱射流碰撞示意图

1960 年，Taylor[90]研究了两股圆柱射流碰撞而形成液膜的过程，并测量了液膜厚度分布。如果两个射流是同轴的(即 2θ=180°)，则液膜是关于射流圆柱对称的，其在任一点的厚度仅依赖于与轴线的距离。如果射流是共面的但不是同轴的，并且两射流间的夹角为 2θ，则所形成的液膜关于射流圆柱不对称，而且是从碰撞区域呈放射状扩展，并在液膜平面上沿射流速度分量的方向延伸。

1960 年，Miller[91]指出在自由空间两股射流的碰撞中，雾化不仅受到液膜内流体动力特性的影响，而且还受到表面张力、黏度和重力等因素的影响。在某些情况下，射流中挟带的空气也会对雾化造成很大影响。

1970 年，Huang[92]研究了不同韦伯数 We(100～30000)下，两个同轴射流碰撞产生的液膜的破裂机理，并根据韦伯数将液膜状态分为 3 种：稳定状态($100<We\leqslant500$)、过渡状态($500<We\leqslant2000$)、破碎状态($2000<We\leqslant30000$)。

1995 年，Ryan 等[93]研究了两圆柱射流碰撞形成液膜的雾化特性，实验中韦伯数 We 介于 350～6600、雷诺数 Re 介于 2600～26000，测量了液膜的破碎长度，液膜上相邻波之间的距离，液滴的尺寸分布。对比层流碰撞射流与湍流碰撞射流的液膜雾化特性，表明射流碰撞的初始条件对液膜破碎机理有显著影响。基于线性稳定性理论预测液滴尺寸分布，结果表明预测值与实测液滴尺寸在趋势上一致，但在数量上不一致。

1997 年，Orme[94]研究了两个液滴间的碰撞(图 1.11)，研究表明液滴碰撞后的反弹、融合、分离、破裂与韦伯数和液滴直径有关。液滴碰撞取决于液滴的表面张力、黏度以及气体密度、压力和黏度。

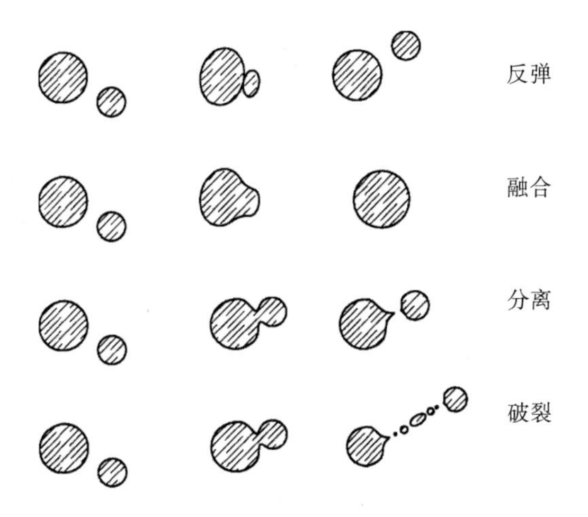

图 1.11　两液滴碰撞后的反弹、融合、分离、破裂

Choo 等[95-97]研究了两圆柱射流碰撞下，碰撞角、射流直径、射流速度和液体黏性对碰撞形成的液膜厚度分布、流速的影响。实验表明，较大碰撞角、较小射流直径和较大方位角会形成较薄的液膜；黏性越大，液膜厚度越大；但射流速度对液膜厚度几乎没有影响。另一方面，随着碰撞角增大，液膜速度分布更加均匀。他们通过求解质量、动量和能量守恒方程，预测了液膜厚度和速度的分布。将预测结果与实验结果进行比较，二者吻合较好。

2008 年，Lee[98]运用 PIV(particle image velocimetry，粒子图像测速)处理技术对非对称碰撞射流形成的液滴进行可视化处理，得到液滴尺寸和速度的分布。结果表明，非对称碰撞射流的液滴尺寸分布符合 Rosin-Rammler(罗森-拉姆勒)分布函数。同时，该研究还判别了非对称碰撞射流边缘脱落的液滴是径向脱落还是切向脱落。

2017 年，Sanjay 等[99]运用开源代码模拟了层流液体射流碰撞形成的链状结构。计算表明，碰撞角的增加会导致链节变宽，但单个链节的长度变化可以忽略不计。链状结构尺寸随着射流动量的增大或表面张力的减小而增大。链状结构尺寸随雷诺数 Re 的增大而急剧增大，当 Re 达到一定值时，尺寸不再变化。

综上所述，在水舌空中碰撞方面，主要集中于对碰撞点位置、碰撞后的流速及碰撞消能效率的研究，近年来开始出现对碰撞后散裂水滴特性及分布范围的研究。在国外，高水头、大流量的水利工程不多，因此相关研究较少，主要是针对两股圆柱射流在不同喷嘴直径、喷射速度、碰撞角度及液体黏性下形成的液膜形状、厚度和速度分布，以及液丝、液滴的变化过程的研究。

1.2.3　射流入水激溅研究现状

起初人们针对用肉眼观察到自然降雨与水体自由表面碰撞而生激溅水点的现象，开展了许多不同大小的水滴对静止水体的碰撞研究[100,101]。在不考虑射流形态变化对碰撞影响的前提下，前人对圆管射流与水面碰撞继而产生的激溅现象开展研究[102,103]。在水利工程中，跌流水舌、挑流水舌与下游水体冲击碰撞是常用的消能方式，从而引发水舌入水激溅现象。

1. 射流入水激溅机理

目前射流入水激溅主要分为三个阶段：撞击阶段、溅水阶段和流动形成阶段。

撞击阶段：当水舌与下游水体刚接触时，由于表面张力的作用，水舌来不及排开下游水体的水，此时会产生类似刚体撞击固体的现象。与此同时，会在水舌入水点产生高速冲击波，形成凹坑，而凹坑外围则会发生壅水现象，且入水点上游壅水面高度较低，下游壅水面较高。

溅水阶段：当水舌与下游水体发生碰撞后，水舌从入水点处将水体冲撞开，形成溅水。此前水舌已充分掺气，加上下游水体本身较强的压弹效应，使得大部分掺气水舌进入水体中，而其余部分则会发生反弹，成为激溅水块和水滴，并向四周抛射出去。随后，在水舌风、坝后场风、空气阻力等作用下，激溅水块和水滴会进一步破碎，大直径的水滴形成雾化降雨，小直径的水滴则会形成水雾，并在外环境的影响下向下游和两岸山坡扩散。由于水滴激溅具有随机性，水滴的抛射速度和角度各不相同，因而形成的激溅轨迹和距离都是不定的，只能概化为激溅范围，激溅轨迹近似为抛物线，因此可将水滴的激溅运动视为刚体反弹后的斜抛运动。

流动形成阶段：在水舌完全撞击水体之后，不仅掺气水舌自身会进入下游水体，还会将水舌周围的空气卷入水体，水舌由自由射流转变为淹没射流。在水舌的强烈紊动下，水体会卷入周围水体并继续扩散，水舌断面也不断增大，而速度不断减小，并在水体中形成旋涡，最终使能量消耗掉。

2. 射流入水激溅国内研究现状

1992 年，梁在潮[104]将水舌入水时激溅起来的水块看作弹性刚体，近似认为溅水是掺气水块的反弹斜抛运动，考虑重力、浮力、风和空气阻力的作用，根据动量守恒原理，水块的反弹抛射初速度为

$$u_0 = \frac{(1+e)\cos\theta}{2\cos\alpha} V_{\mathrm{j}} \tag{1.34}$$

式中，u_0为水块的反弹抛射初始速度(m/s)；V_{j}为射流入水碰撞速度(m/s)；θ为水舌入水角度(°)；α为水滴初始溅抛角度(激溅水滴出射角，°)，e为虚拟耗散参数。

溅水纵向距离L_{s}表达式如下：

$$L_{\mathrm{s}} = \frac{V_{\mathrm{p}}}{\sqrt{n_2 n_3}} \tan^{-1} k_{\mathrm{p}} - \frac{1}{n_2} \ln\left[\sqrt{\frac{n_2}{n_3 g}} \left(V_p - u_0 \cos\alpha\right) \tan^{-1} k_{\mathrm{p}} + 1\right] \tag{1.35}$$

溅水横向宽度L_{W}表达式如下：

$$L_{\mathrm{W}} = \frac{2}{n_2} \ln\left[V_{\mathrm{p}} \cos\alpha \cos\alpha_{\mathrm{m}} \sin\alpha_{\mathrm{m}} \sqrt{\frac{n_2}{n_3 g}} \tan^{-1}\left(\frac{2V_{\mathrm{j}} \sin\alpha \cos\alpha_{\mathrm{m}} \sqrt{n_2 n_3 g}}{n_3 g - n_2 u_0 \cos^2\alpha \cos^2\alpha_{\mathrm{m}}}\right) + 1\right] \tag{1.36}$$

式中，V_{p}为水舌风速(m/s)；α_{m}为水块达到最大横向距离时的反弹角(°)；$n_2 = 3\rho_{\mathrm{a}} C_{\mathrm{f}} / 8\rho_{\mathrm{m}} d$；$d$为水滴直径(mm)；$n_3 = 1 - \rho_{\mathrm{a}} / \rho_{\mathrm{w}}$；$\rho_{\mathrm{a}}$和$\rho_{\mathrm{w}}$分别为空气密度(kg/m^3)及水的密度(kg/m^3)；k_{p}为风阻参数，$k_{\mathrm{p}} = \dfrac{2u_0 \sin\alpha \sqrt{n_2 n_3 g}}{n_3 g - n_2 u_0^2 \sin\alpha}$。

2003 年，刘士和等[105]建立了水滴与水面碰撞的简化模型，并结合物模实验和原型观测数据，分析溅抛水滴在重力、浮力和风阻力作用下的反弹斜抛运动，提出了溅水区纵向长度计算公式。

当水滴与水面发生垂直碰撞时，入水速度 u_{R} 与溅抛水滴的反弹速度 u_0 关系为

$$u_0/u_{\mathrm{R}} = 0.4722 - 1.7883Fr_{\mathrm{p}}^{-2} \tag{1.37}$$

式中，$Fr_{\mathrm{p}}=u_{\mathrm{R}}\big/\sqrt{gd_{\mathrm{p}}}$，$d_{\mathrm{p}}$ 表示碰撞后溅抛水滴的等容直径(mm)。

当水滴与水面发生倾斜碰撞时，入水速度 u_{R} 与溅抛水滴的反弹速度 u_0 关系为

$$u_0/u_{\mathrm{R}} = 0.5545+343.17Fr_{\mathrm{p}}^{-2} \tag{1.38}$$

$$\alpha = 98.347^\circ - 1.216\alpha_{\mathrm{R}} \tag{1.39}$$

式中，α_{R}和α 分别为水滴入水角(°)及溅溅水滴出射角(°)。

溅水区的纵向距离 L_{s} 表达式如下：

$$L_{\mathrm{s}} = V_{\mathrm{p}}t_{\mathrm{m}} - \frac{d_{\mathrm{p}}}{n_4}\ln\left[1 + n_4\left(V_{\mathrm{p}} - u_0\cos\alpha\right)\frac{t_{\mathrm{m}}}{d_{\mathrm{p}}}\right] \tag{1.40}$$

式中，V_{p} 为风速(m/s)；t_{m} 为溅抛水滴在空中运动的时间(s)；n_4 为系数，$n_4 = 0.75C_D\rho_a/\rho$，C_{D} 为阻力系数。

2003 年，孙双科等[106]在收集和统计部分工程泄洪雾化原型观测资料的过程中，发现泄洪雾化纵向边界与泄洪流量 Q、V_{j} 和 θ 紧密相关，运用量纲分析法得到了泄洪雾化纵向边界经验表达式：

$$L_{\mathrm{s}} = 10.267\left(\frac{V_{\mathrm{j}}^2}{2g}\right)^{0.7651}\left(\frac{Q}{V_{\mathrm{j}}}\right)^{0.11745}\left(\cos\theta\right)^{0.06217} \tag{1.41}$$

2005 年，段红东等[107]测量了圆柱射流不同入水速度和角度下的溅水范围和雨强分布。实验表明，溅水纵向长度和横向宽度随入水速度增大而增大，随入水角增大而减小。溅水区雾雨强度在纵向上沿程先增大后减小，在横向上随与水舌中心线距离增大而减小，雾雨强度的拟合型式为

纵向上：

$$\frac{I}{I_{\mathrm{max}}} = C_5\left(\frac{x}{L_{\mathrm{m}}}\right)^{n_5}\exp\left(-n_6\frac{x}{L_{\mathrm{m}}}\right) \tag{1.42}$$

横向上：

$$\frac{I}{I_{\mathrm{max}}} = \exp\left[-n_7\left(\frac{y}{L_{\mathrm{w1/2}}}\right)^2\right] \tag{1.43}$$

式中，I 为雾雨强度(mm/h)；I_{max} 为在 x 轴或 y 轴上的最大雾雨强度(mm/h)；$L_{\mathrm{w1/2}}$ 为横向半宽(m)；C_5、n_5、n_6、n_7 均为待定系数。

2008 年，孙笑非等[108]认为水滴在运动过程中存在变形，因此将刚性粒子的阻力系数作为溅抛水滴的阻力系数是不妥的，针对此问题，他们对刚性阻力系数进行修正，以用于水滴运动。水滴运动的阻力系数为

$$C_D = \begin{cases} \dfrac{24}{Re_d}, & Re_d \leqslant 0.2 \\ \dfrac{24}{Re_d}\left(1 + Re_d^{0.687}\right), & 0.2 < Re_d \leqslant 800 \\ 0.44, & Re_d > 800 \end{cases} \tag{1.44}$$

2010 年，刘昉等[103]通过圆柱射流溅水模型实验，采用称重法得到了不同流量、入水速度和入水角度下泄洪溅水范围及雨强等值线图。基于最小二乘法原理和实验测量数据，得到溅水区纵向距离的经验表达式：

$$L_s = 0.0473\left(\frac{V_j^2}{2g}\right)^{1.5825}\left(\frac{Q}{V_j}\right)^{-0.2913}\left(\cos\theta\right)^{0.51} \tag{1.45}$$

2011 年和 2013 年，范敏等[109]、刘士和等[110]通过可调角度的高速水流出水管与水池水面碰撞形成激溅，运用量筒对入水附近激溅雨量进行测量，采用“色斑法”评估激溅雨滴直径。实验结果表明，激溅雨滴中值粒径沿纵向先增大后减小，并且激溅雨滴中值粒径最大值对应的纵向位置与雾雨强度最大值对应的纵向位置不同；激溅雨滴中值粒径沿横向单调递减。

2013 年，王思莹等[19]建立挑流泄洪雾化概化模型，运用称重法得到了不同水头差、流量下水舌落水处周围雾雨强度分布。测量结果表明：落水区上游横向断面雨强呈双峰分布，下游呈单峰对称分布，纵向断面从上游往下游呈单调递减的趋势。随着流量增大，溅水区长度和宽度增大；水头差增大，溅水区长度稍有增长，但是宽度变化不明显。

2016 年，钟晓凤[111]用高速摄像机从细观尺度对圆柱射流入水激溅水点的运动形态开展研究，如图 1.12 所示。分析了不同射流入水角度下，射流入水点形成的凹坑大小；研究了激溅水滴的速度特性，证明了激溅水滴的溅抛角度与射流入水角度具有较大的相关性。通过对激溅水滴的初始速度、溅抛角度、水滴直径的统计，发现均符合伽马分布。

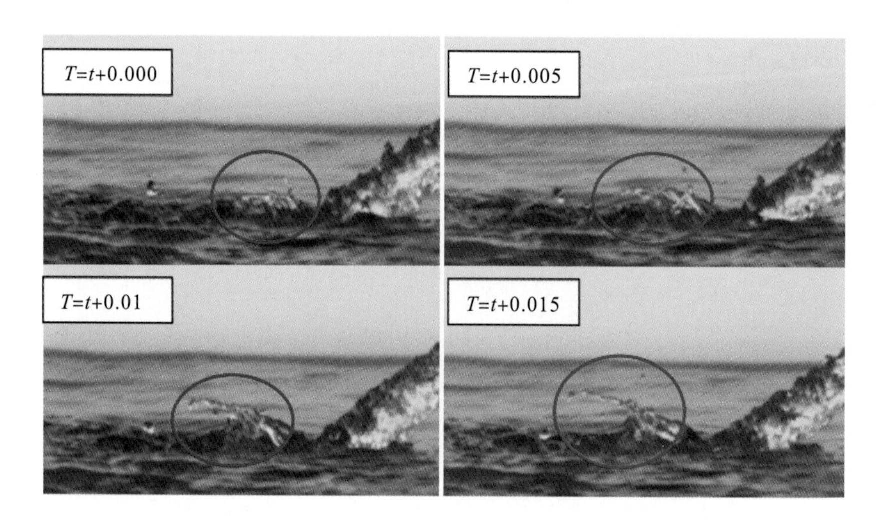

图 1.12 激溅水滴的形成过程(单位：s)

2020 年，Liu 等[112]将水舌简化为矩形喷嘴(宽 10cm、高 3cm)水平出流，研究压强变化对激溅雾雨扩散的影响。结果表明，雾雨扩散范围及雾雨强度大小均随气压的降低而增大，每降低 0.1 个大气压，特征雾雨强度等值线范围扩大 0.68%～1.37%，平均雾雨强度值扩大 11.06%～20.48%。

在溅水模型中，水滴随机喷溅数学模型是使用最为广泛的数学模型，中国水利水电科学研究院、天津大学对此开展了广泛的研究，对瀑布沟[39]、丰满[42]、二滩[43]、白鹤滩[44]、两河口[45]、玛尔挡[46]、小湾[113]等水电站泄洪雾化范围和雾雨强度进行了预测。

3. 射流入水激溅国外研究现状

国外对入水激溅的研究开展相对较早，理论和实验均有不少学者进行了相关研究，这些研究中，较多是从微观层面来研究液滴与液面之间的碰撞。起初人们用肉眼观察到自然降雨与水体自由表面碰撞而产生激溅水点的现象，随着高速摄影技术的发展，1908 年，Worthington[100]通过实验拍出了非常清晰的液滴撞击液面的照片，水滴能穿透液体一段距离然后又反弹出来，在这个过程中形成了一个形似王冠的形态，其大小为水滴直径的 6～8 倍。1939 年，Edgerton[114]拍摄了液滴高速撞击液面的照片(图 1.13)。1959 年，Franz[101]发现水滴撞击水面可能导致其产生碰撞的底部挟带气泡。

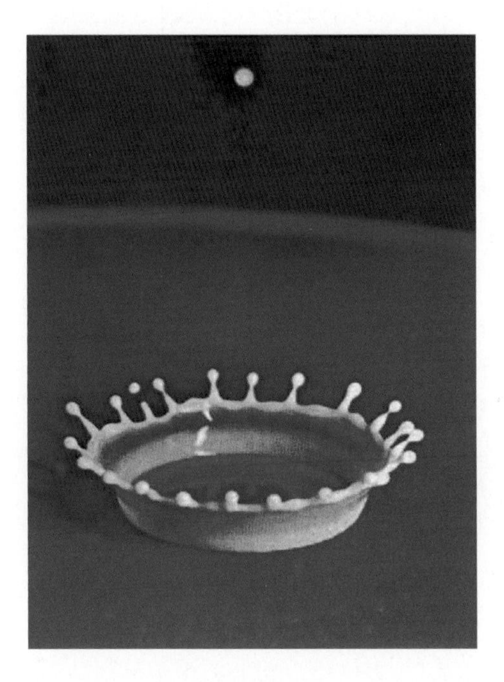

图 1.13　液滴撞击液面形成“王冠”[114]

在液滴与液面的碰撞方面，研究主要集中在不同黏性液体、碰撞速度下的液滴与静止液面碰撞后的形态、激溅液滴数量以及碰撞后的速度、压力分布方面等。

1967 年，Hobbs 等[115]统计了液滴对液面的碰撞而产生的激溅液滴的数量，以及这些液滴的电荷与质量比。液滴的直径为 3mm，下落高度为 10cm 到 200cm 不等，实验表明激溅液滴的数量随液滴的下落高度线性增加。当液滴下落高度为 100cm 时，大约会产生 25 个激溅液滴。大多数液滴带有负电荷，每颗液滴电荷与质量的比率在 4～28，并给出了电荷和质量的比值关系式。

1967 年，Harlow 等[116]求解了完整的 Navier-Stokes(纳维-斯托克斯)方程，研究了液滴在静止的浅液层和深液层中的激溅现象，包括对压力、速度、振荡、液滴破碎和可压缩性的影响。

1976 年，Macklin 等[117]通过实验研究液滴与液层的激溅现象。实验采用的液滴为水、90%乙醇与水混合溶液、60%甘油与水混合溶液。在研究范围内，深液层激溅由弗劳德数和韦伯数决定，而浅液层激溅基本上由韦伯数决定。

1988 年，Pumphrey[118]研究液滴落入水域时所发出的声音。实验过程中，在拍摄液滴激溅过程的同时，运用麦克风记录声音。研究表明，大多数声源来自液体表面的气泡振动和液滴撞击。

1990 年，Hasan 等[119]运用数值计算的方法试图解释以下现象：当液滴直径和碰撞速度在一定范围内时，小气泡会挟带在液体中。将计算结果与已有的实验数据对比，二者吻合较好。

2006 年，Yarin[120]回顾了液滴落入薄液层而形成“王冠”的冲击现象。液滴撞击薄液层后，薄液层撞击中心附近的初始向外速度为液滴撞击液面速度 u_s，从这个中心点向外移动的液体会撞击周围的液体，从而形成“王冠”。基于准一维模型，当式(1.46)成立时，表面张力完全由惯性力控制。

$$u_s \gg \nu^{\frac{1}{8}}\left(\frac{\sigma}{\rho}\right)^{\frac{1}{4}}\left(\frac{u_0}{d}\right)^{\frac{3}{8}} \tag{1.46}$$

式中，σ 为表面张力系数(N/m)；ρ 为液体密度(kg/m^3)；υ 为黏滞系数(m^2/s)，d 为液滴直径(mm)。

在圆柱射流与液面的碰撞方面，主要关注不同直径、碰撞速度下产生的空腔形状和大小，射流在水体中的扩散、衰减和掺气特性。

1987 年，Ervine 等[121]通过圆管将水流垂直射入消力池中，比较了自由下落射流和淹没射流在消力池中的扩散角度、衰减和射流引起的压力波动。实验表明，淹没射流扩散角度小于自由下落射流扩散角度，且射流速度越大，扩散角度越大，消力池中挟带的空气浓度也越大。

2000 年，Zhu 等[122]基于实验拍摄的图片观察到垂直圆管射流碰撞产生的空腔主要由上、下两部分组成，上部分近似为半球体，下部分近似为圆柱体，并结合理论分析，表明空腔的最大径向尺度随 $Fr_0^{1/4}$ (Fr_0 为碰撞点的弗劳德数)变化，轴向尺度随 $Fr_0^{1/3}$ 变化。

2003 年，Bush 等[123]结合理论和实验研究成果，分析层流条件下表面张力系数 σ 对圆柱射流落入静止水域的影响。当 $2\sigma/\left(\rho g R_j \Delta H\right)$ (ΔH 为跳跃高度，ρ 为流体密度)大到一定程度时，曲率力显著影响圆形跳跃。在水力实验中，表面张力通常很小，但对于小半径、小高度的跳跃来说，是相当可观的。Bush 等推导了沿圆形跳跃单位长度径向曲率力大小的表达式：

$$F_c = -\sigma\left(S'_e - \Delta R\right)/R_j \tag{1.47}$$

式中，R_j 是跳跃半径(m)；S'_e 是沿跳跃表面的弧长(m)；ΔR 是在跳跃水平表面上首尾最近径向距离(m)。

2004 年，Chanson 等[124]采用 3 个不同比例尺的圆柱射流与水面碰撞模型，对碰撞后水池内气泡大小、数量及掺气浓度进行了测量，结果表明，射流在水体中扩散时，最大空气浓度与碰撞点的轴向距离呈指数衰减的趋势，并指出气泡的大小不能按照比例尺进行缩放。

2014 年，Harby 等[125]通过短圆形喷嘴将水流垂直射入水池，研究喷嘴直径、射流速度和射流高度(喷嘴距水面的距离)对水-气两相流特性的影响。垂直射流进入液体表面时，将大量气泡带入水池，并形成大范围的水-气两相流体。实验过程中，运用 CCD(charge coupled device，电荷耦合器件)相机拍摄入水过程，分析得到挟带气泡的临界速度、气泡穿透深度、气泡浓度、射流中心速度等数据。实验结果表明：随着无量纲射流高度(射流高度/喷嘴直径)的增大，气泡的无量纲穿透深度(气泡穿透深度/喷嘴直径)逐渐减小至 25，此后不再变化。气泡穿透深度随射流速度和喷嘴直径增大而增大，随着射流流速的增大，气泡浓度增大。

综上所述，大多数对射流入水激溅特性的研究将其简化为圆管射流，主要研究不同直径、入水角度、入水速度下激溅的平面扩散范围，近年来也有学者开始对激溅水点大小、运动特性开展研究；一些学者通过物模实验，对挑流水舌下的雾雨激溅平面范围和强度进行了测量，但是实验工况较少，并且定性分析多、定量分析少，各水力因素如何影响水舌激溅雾雨强度和扩散范围还需进一步研究。

1.2.4　泄洪雾化物理模型研究中的缩尺效应问题

模型的缩尺效应是泄洪雾化物理模型实验方法必须面对的问题。由于重力是决定水流运动最重要的力，因此在水工模型实验研究中几乎都是按照重力相似准则设计的[33]。在大坝泄洪时，水体与空气的交界面上产生表面张力，表面张力对泄洪雾化有很大影响，因此还应考虑韦伯相似准则。南京水利科学研究院的陈瑞等[126]、余凯文等[127]研究表明，当泄洪雾化物理模型中水流 $We>500$ 并且流速 $V_m>6.0$m/s 时，模型实验可以忽略表面张力的影响，基本满足水舌掺气和散裂的相似性，并且模型雾雨强度和原型雾雨强度之间存在指数关系：

$$I_p / I_m = L_r^n \tag{1.48}$$

式中，I_p 为原型雾雨强度(mm/h)；I_m 为模型雾雨强度(mm/h)；L_r 是模型几何比例尺(即原型几何尺度与模型几何尺度的比值)；n 为常系数，n 的变化与几何比例尺、韦伯数 We、泄流方式等因素有关。

从表 1.2 可以看出，不同泄流方式及几何比例尺下的 n 差距较大，从二滩水电站雾雨相似关系来看，表孔跌流的 n 最大，中孔挑流和表、中孔碰撞时 n 差别不大；乌江渡、白山水电站表孔挑流泄洪情况下 n 均较大(在 1.5 左右)；对于宽尾墩表孔泄流，n 均在 0.5 左右。从表 1.2 来看，随着几何比例尺的增大，n 减小；几何比例尺较大时，n 接近 0.5，几何比例尺较小时，n 显然大于 1。由于样本数量有限，指数 n 与几何比例尺、韦伯数的关系还有待进一步研究。

黄国情等[128]、周辉等[129]收集了多座水电站的模型实验成果，并与原型观测数据对比，认为模型雾雨强度和原型雾雨强度之间的关系与几何比例尺有关，大比例尺与小比例尺关系式不同：

$$\begin{cases} I_{\mathrm{p}}/I_{\mathrm{m}} = L_{\mathrm{r}}^{1.53} & 1 \leqslant L_{\mathrm{r}} < 60 \\ I_{\mathrm{p}}/I_{\mathrm{m}} = L_{\mathrm{r}}^{3.40}/2211.58 & 60 \leqslant L_{\mathrm{r}} \leqslant 100 \end{cases} \tag{1.49}$$

表 1.2 雾化雨强相似关系

消能方式	水电站	L_r	n	We
宽尾墩表孔泄流	安康[130]	1	0.5	400～1600
		2.5	0.460～0.499	
		5	0.498～0.501	
		7.5	0.495～0.555	
		35	0.7	659
	沿滩[130]	36	0.51	689
表孔跌流	二滩[130]	25	0.80～1.07	1309
表孔挑流	乌江渡[127]	35	1.54	1400
		60	1.655	650
		80	1.733	430
		100	1.888	310
	白山[131]	35	1.2～1.52	—
中(深)挑流	二滩[130]	25	0.37～0.57	—
	白山[131]	35	0.63～0.72	—
表、中孔碰撞	二滩[130]	25	0.47～0.49	—

除此之外，原型枢纽泄洪时往往伴随着自然风和水舌风，同时风场受地形影响很大。风的存在改变了水滴及水雾的运动特性，其大小和方向影响了泄洪雾雨的运动扩散范围和速度，使得雾化扩散范围增大，同时雾雨强度也会相应减小。练继建等[132]就曾采用数值计算方法加入地形和环境风的作用，单独考虑环境风和地形在四种不同的工况条件下对泄洪雾化的影响，最后认为地形和环境风对雾化的影响范围和降雨强度都有较大的影响，但仍没有考虑水舌风和水舌运动的相关性，也没有考虑风和地形的共同作用。风场和地形条件的共同作用会使得具体工程的雾化降雨和浓雾的分布差异较大，问题也更加复杂。

泄洪雾化的影响因素较多，主要包括水力条件、地形条件和气象条件，其中水力条件的影响最为显著，并且不同工程地形条件和气象条件差异较大，因此本书选取影响激溅雾化源最重要的水力因素(单宽流量、水头差、水垫深度)，采用物理模型探讨雾雨分布的形成机理。

综上所述，国内外学者对泄洪雾化和射流扩散开展了广泛研究，关注点主要涉及射流轨迹、射流空气浓度分布、消力池底部压力、溅水范围及溅水强度。尽管这些研究为我们提供了良好的借鉴，加深了对泄洪雾化现象的认识。然而，在射流入水激溅这一重要雾化源方面，尤其是在雾雨分布与水力要素(单宽流量、水头差、水垫深度)之间的关系及相应机制，当前研究成果还缺乏定性和定量的认识。本书对当前国内外研究进展进行了归纳总结，并概括了现有研究中的不足之处，主要体现在以下三个方面。

(1)跌流水舌入水激溅区雾雨扩散细观形成机理不明确。

当前对于射流入水激溅特性的研究大多数将射流简化为二维圆管射流，部分研究针对原型观测和特定工程进行物模实验的定性分析，受限于工程地形条件、水流条件、气象条件差异，所得成果不具有普适性。依托于此所建立的数学模型中，初始假设条件不够清晰，核心因素的影响机制不明确，例如在水滴随机喷溅数学模型中[36]，假定水滴的初始抛射速度、水滴直径符合伽马分布，但此类假设的选取没有数据支撑，难以验证其准确性。

(2)跌流水舌入水激溅空间雾雨分布及演化规律不明确。

要揭示跌流水舌入水激溅雾雨扩散细观形成机理，先要明确激溅区空间雾雨强度分布规律。水舌入水后，激溅水滴向各方向扩散，在一定的空间范围形成降雨及水雾。目前，前人对圆管射流和挑流水舌下的平面扩散范围和雾雨强度进行了测量，但是未对雾雨强度在垂向上的变化进行测量，缺乏相同平面位置、不同垂向高度下雾雨强度分布规律研究，以及垂向高度如何影响平面内的雾雨强度大小及扩散范围。

(3)不同水力因素(单宽流量、水头差、水垫深度)对雾雨分布的形成机理不明确。

水力因素是影响水舌入水激溅这一雾化源的重要因素，然而在前人对水舌入水激溅的研究中，因研究工况较少，所得数据量有限，多为定性分析，缺乏定量数据的支撑。不同水力因素下，激溅后水体的散裂形式、初始抛射速度、抛射角度等特性不同，而这正是影响雾雨强度和扩散范围的决定性因素。因此，关于不同水力因素(单宽流量、水头差、水垫深度)如何影响入水激溅雾雨强度及扩散范围，以及量化数据是多少，还需进行深入的研究与探讨。

1.3　本书的研究内容及方法

跌流水舌冲击碰撞是水利工程中的一种常见消能方式，由于坝体空间位置高、泄流量大，在泄洪时常伴随着较强的雾化现象。水舌入水激溅是跌流水舌冲击碰撞消能方式中最主要的雾化源，掌握各水力因素对水舌入水激溅区雾雨扩散特性的影响，对雾化范围及雾雨强度分布的预测精度有所提高，可对厂房、开关站及水垫塘范围等布置提供参考，并根据实际情况对岸坡、公路等采取一些防护措施，对保证高坝工程泄洪水力安全具有重要意义。因此，本书采用物模实验和理论分析相结合的方法对跌流水舌入水激溅区雾雨扩散特性进行研究，主要内容概述如下。

(1)跌流水舌入水激溅区空间雾雨分布及演化规律。

针对跌流水舌入水激溅空间雾雨分布及演化规律不明确的现状，本书通过物理模型实验，对不同空间位置下的雾雨量进行测量。本书研究自制了一套雨强接收系统，该雨强接收系统可在纵向、横向及垂向上移动，以实现对空间各点雾雨强度的测量，进而根据实验测量数据，分析纵向、横向及垂向上雾雨强度分布及演化规律，拟合雾雨强度分布在纵向、横向及垂向上的经验计算式。

(2)不同水力因素(单宽流量、水头差、水垫深度)对跌流水舌入水激溅区雾雨分布影响机制。

针对各水力因素对雾雨强度的形成机理不明确的现状，鉴于不同工程的地形、风场条件不同，故只选取影响水舌入水激溅雾化源最主要的三个水力因素(单宽流量、水头差、水垫深度)，详细分析各水力因素对雾雨分布特性的影响。本研究通过改变流量和水头差以改变水舌单宽流量、入水速度，通过下游水槽尾门调节水垫深度，运用自制的雨强接收系统对空间雾雨强度进行测量，获得雾雨强度最大值、雾雨强度最大值位置等宏观数据。分析不同单宽流量、水舌入水速度、水垫深度对雾雨强度分布的影响规律，得到各水力因素对纵向扩散范围、横向扩散范围的影响机制。

(3)跌流水舌入水激溅区雾雨扩散细观形成机理分析。

针对跌流水舌入水激溅区雾雨扩散细观形成机理分析不明确的现状，结合实验数据和理论方法，建立雾雨强度空间分布的半理论半经验计算方法。水舌碰撞后激溅水体呈反弹斜抛运动[104]，激溅水体的溅抛出射角、初始抛射速度以及激溅水体的形状、大小、数目是影响雾雨强度和扩散范围的决定性因素。通过理论类比分析，厘清了激溅出射角度与散裂程度对跌流水舌入水激溅空间雾雨强度分布的影响机制；基于系列实验数据分析，分别建立雾雨强度等值线特征出射角度、激溅扩散系数计算公式；引入激溅扩散系数，结合非弹性碰撞动量方程，获得不同散裂程度下抛射水相的运动轨迹，以此获得空间不同雾雨强度的分布范围。

第 2 章　跌流水舌入水激溅模型试验装置及方法

跌流水舌与下游水垫塘碰撞是大坝泄流中常见的消能方式，水舌入水激溅雾雨强度高、范围大，威胁着坝体附近厂房、设备及岸坡的安全。通过前一章的分析可知，影响雾化效应的主要水力因素为泄流量和水头差，并与消能方式紧密相关。前人研究表明：泄流量越大、水头差越高，雾化范围和雾雨强度越大。前人对泄洪雾化的研究都是围绕某个特定工程进行的，研究工况较少。为全面了解跌流水舌入水激溅这一主要雾化源，加深对泄洪雾化的认识，本研究自制模型试验装置，重点测量不同单宽流量、水头差(水舌入水速度)及水垫深度对跌流水舌入水激溅区雾雨扩散特性的影响。

2.1　试验模型布置

本试验是在重庆交通大学西南水利水运工程科学研究院进行的，模型布置如图 2.1 所示。该模型试验系统主要由两个可升降的明渠水槽、蓄水池和循环水系统组成。该试验模型以上游水槽模拟坝身跌孔自由出流，下游水槽模拟水垫塘。试验过程中，蓄水池中的水经水泵进入上游水槽，上游水槽的水流经跌坎泄入下游水槽，下游水槽内的水经尾门流入蓄水池，以实现水循环。

图 2.1　试验模型布置图

表 2.1 统计了国内部分拱坝表孔个数、尺寸(宽和高)、泄洪时上下游水头差、出流单宽流量、水垫深度、水垫深度与水头差的比值(h/H)。从表 2.1 可知，表孔通常采用多孔布置的型式，宽 11～15m；上下游水头差为 98.97～232.80m；出流单宽流量为 62.40～230.68m^2/s；水垫深度为 29.70～62.83m。

表 2.1 国内部分拱坝表孔泄洪参数[133-140]

坝名	最大坝高(m)	表孔布置［孔数×宽(m)×高(m)］	上下游水头差 H(m)	出流单宽流量 q(m^2/s)	水垫深度 h(m)	h/H
小湾	292	5×11×5	227.92～232.80	74.55～164.00	43.08～45.20	0.189～0.194
白鹤滩	289	6×14×15	212.50～215.50	68.89～230.68	48.75～57.80	0.229～0.269
溪洛渡	273	7×12.5×16	185.86～212.54	62.40～131.09	51.50～62.83	0.242～0.388
东庄	234	3×12×～	168.83～170.83	115.09～165.23	50.78～52.74	0.301～0.309
构皮滩	232.5	6×12×13	168.91～173.07	114.26～209.44	47.94～49.94	0.284～0.289
三河口	145	3×15×15	98.97～99.25	112.67～133.78	29.70～31.73	0.299～0.321

表 2.2 统计了部分坝身表孔泄流概化物理模型参数，以上游水槽模拟水库，下游水槽模拟水垫塘，主要是对水垫塘底板压力及溅水雨强进行研究。上、下游水槽均简化为明渠水槽，在上游水槽的末端设置堰坎以控制堰顶高程。跌坎处的单宽流量在 0.02～0.20m^2/s；出挑坎的单宽流量在 0.036～0.601m^2/s；水头差在 1.70～5.50m；水垫深度在 0～1.36m。

表 2.2 部分坝身表孔泄流概化物理模型参数

文献	水流出流型式	上游水槽布置	下游水槽布置	单宽流量 q(m^2/s)	水头差 H(m)	水垫深度 h(m)	主要研究内容
Puertas 等[141]	自由跌流	宽 1.2m	—	0.02～0.20	2.00～5.50	0～0.8	水垫塘底板压力
Castillo 等[74]	自由跌流	长 4.0m、宽 0.95m，堰坎高度 0.37m、堰出流宽度 0.85m	1.05m×1.6m (宽×高)	0.02～0.064	1.70～3.00	0～0.6	水垫塘底板压力
练继建等[60]	表孔挑流	2.5m×0.85m×0.63m (长×宽×高)，堰坎高度 0.25m、堰出流宽度 0.65m，挑坎宽 0.25m	—	0.061～0.157	3.36～3.56	0.34～0.46	水垫塘底板压力
练继建等[20]	表孔挑流	10m×10m×6m (长×宽×高)，堰出流宽度 0.45m，挑坎宽 0.24m	9.5m×4.2m×0.2m (长×宽×高)	0.036～0.258	2.23～2.25	0.04	溅水雨强
王思莹等[19]	表孔挑流	挑坎宽 0.3m	8m×2.6m×1.6m (长×宽×高)	0.137～0.601	2.97～3.49	0.86～1.36	溅水雨强

1. 输水管道及流量控制系统

本试验装置中输水管道包括钢管及 PVC(聚氯乙烯)管(图 2.1 和图 2.2)，在上游水槽顶部的局部段为 PVC 管，其余为钢管，钢管及 PVC 管之间通过法兰盘及螺丝连接。输水管道一端与蓄水池内的水泵相连，一端悬空于上游水槽的顶部。在输水管道中部安装有流量控制阀门，以调节流量大小。在上游水槽顶部，PVC 管与钢质弯管连接，该 PVC 管部分伸入上游水槽内部，起到引流的作用，以减小下落水流对水槽内水体的冲击。试验观察表明，输水管道出流在上游水槽内形成淹没出流或者距离上游水槽水面较近的射流，PVC 管道大大地减小了出流水体的紊动。

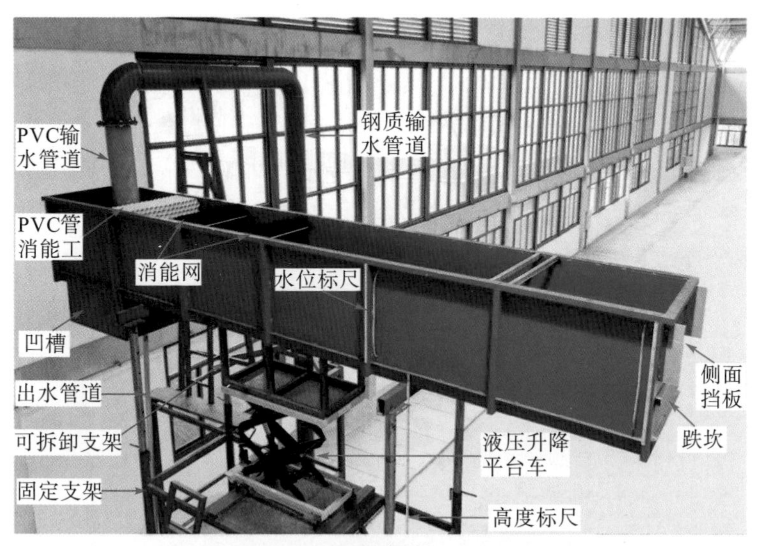

(a) 左视图

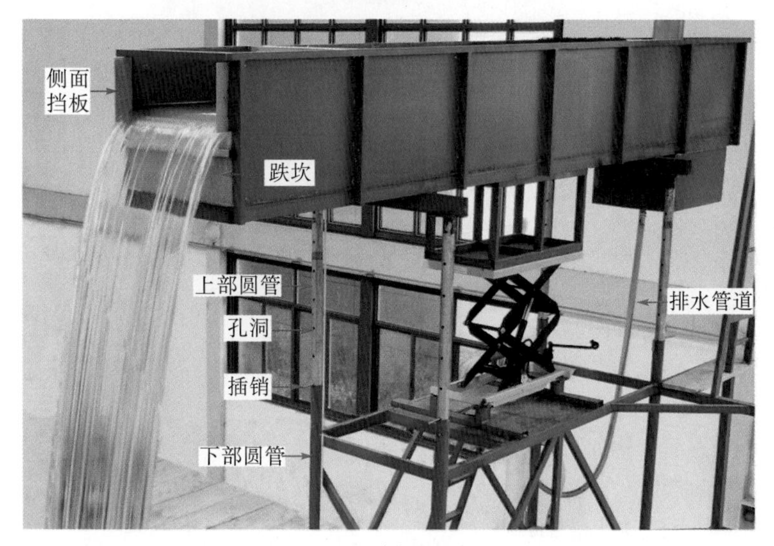

(b) 右视图

图 2.2　试验上游水槽及其升降装置布置图

2. 上游水槽及其升降装置

实际工程中，坝身表孔通常存在俯角，本书不考虑表孔出流角度的影响，将大坝上游的水库及坝身泄流孔简化为水平放置的明渠水槽(上游水槽)，主体尺寸为 6m×0.825m×0.8m(长×宽×高)，上游水槽采用钢板制作，水平放置于支撑钢架上，如图 2.2 所示。水槽的长度足够长，以使得水流出流平稳；水槽宽度与 Castillo 等[74]的研究接近，对比表 2.1 的原型宽度，比例尺在 13～17；水槽的高度大于最大水深。上游水槽安装在支架上，同时放置 BTFLD 分体式液压升降平台车，使得上游水槽高度可调节。

在水槽首部的 1m 范围内，水槽加深(凹槽)，以增大下落水体的紊动范围，减小水流紊动能。在凹槽底部设有排水管道，该排水管道由 PVC 管和钢管共同组成，在与水槽的连接段为可弯曲的 PVC 管[图 2.2(b)]，PVC 管的长度大于水槽最大上升高度所需长度，以适应上游水槽升降变化。当试验进行时，关闭排水管阀门使得水体全部从跌坎出流，不会影响试验流量，当试验装置不使用时，可打开该排水管道的阀门，将上游水槽内的水体排出，避免上游水槽内长期积水。在水槽内设消能设施以降低水体紊动能，如图 2.3 所示。试验观察表明，上游水槽消能效果好，水流出流平稳。

图 2.3 试验上游水槽消能设施布置图

在 Castillo 等[74]、练继建等[60]的研究中，上游水槽均为长、窄水槽，与本试验上游水槽型式一致，堰坎高度分别为 0.37m、0.25m(表 2.2)，本书堰坎高度选取 0.4m(尖顶堰)。试验初始运行阶段发现，由于模型试验相对于原型流量较小，水舌出流后形成薄片流，并在出流附近处的横向扩散较大，而原型中水舌出流处的横向扩散甚微，为了防止水舌在出流附近发生横向扩散，在跌坎的两侧粘贴了挡板(侧面挡板，沿出流方向长度为 0.1m)，两挡板内侧间距与水槽内壁宽度相同，二者平顺衔接[图 2.2(b)]。试验观察表明，在水槽跌坎附近安装侧面挡板后，水舌在出流附近不再发生横向扩散，且在空中运动过程中沿程宽度变化不明显。

3. 下游水槽及其升降装置

本书试验采用下游水槽模拟水垫塘。实际工程中，水垫塘的底板型式主要有平底板型、反拱型、透水底板型及带键槽底板型[142]，水垫塘侧壁也多为阶梯型。由于平底板型式结构简单、施工方便，是目前最为常见型式，因此本研究将水垫塘设置为平底板型式，并且不考虑岸坡的影响，简化为矩形水槽(下游水槽)。

下游水槽采用钢结构框架及钢化玻璃制作，主体尺寸为 5m×3m×1.35m(长×宽×高)。水槽的长度大于水舌落距与最大溅水长度之和，并且下游水槽尾门距离水舌落水点足够远，尾门出流不会影响水舌入水附近的流场；水垫塘的宽度足够使得边壁附近的溅水量很小，在横向上的雾雨测量范围几乎包含了溅水横向边界，可以很好地展示雾雨强度在横向上的变化规律；水槽的高度大于水垫深度及最大溅水高度之和，并且有一定富余用于安装测量装置。如图 2.4 所示，水槽底部为钢板，钢板下部为钢支撑结构，水槽四周同样为钢支撑结构，其间安装透明钢化玻璃，以便于观察试验现象和拍摄图片。下游水槽同样配备有升降设备，以实现下游水槽的升降。在水槽顶部的 4 个对称位置焊接有向侧面延伸的钢板，以便与液压升降杆连接。

下游水槽的升降设备主要由液压启动箱、油箱、油泵、液压升降杆及输油管道等组成[图 2.4(a)]。液压启动箱可控制油泵的运行，油泵通过输油管道将压力传输到液压升降杆中，液压升降杆同样由直径不同的两圆管组成，外部圆管包围住内部圆管，外部圆管是与地面固定的，内部圆管是可升降的，当液压升降杆内部的压力发生变化时，内部圆管就会随之上升或下降，而液压升降杆的顶部与下游水槽顶部向外延伸的钢板相连，从而可以带动下部水槽升降。下游水槽升降前后的对比见图 2.5。

(a) 侧视图

(b) 俯视图

图 2.4 试验下游水槽及其升降装置布置图

(a) 水槽位于地面

(b) 水槽上升后

图 2.5 试验下游水槽升降前后对比图

2.2 试验设备与测量仪器

2.2.1 雨强接收系统

本试验模型采用自制的雨强接收系统对激溅区雾雨扩散进行测量。由于水舌在横向上基本是对称的，为了减少试验测量工作量，本试验仅对激溅区的右侧区域进行测量。如图 2.6 所示，该雨强接收系统主要由雨量收集面板、量筒、螺杆及一些固定装置组成。下游水槽的横向滑轨安装于纵向滑轨之上，可实现横向滑轨在纵向上的移动；螺杆将雨量收集面板和横向滑轨连接起来，可实现雨量收集面板在横向上的移动；旋转螺盘带动螺杆，可实现雨量收集面板在垂向上的升降，因此该雨强接收系统可实现对空间各点雾雨强度的测量。

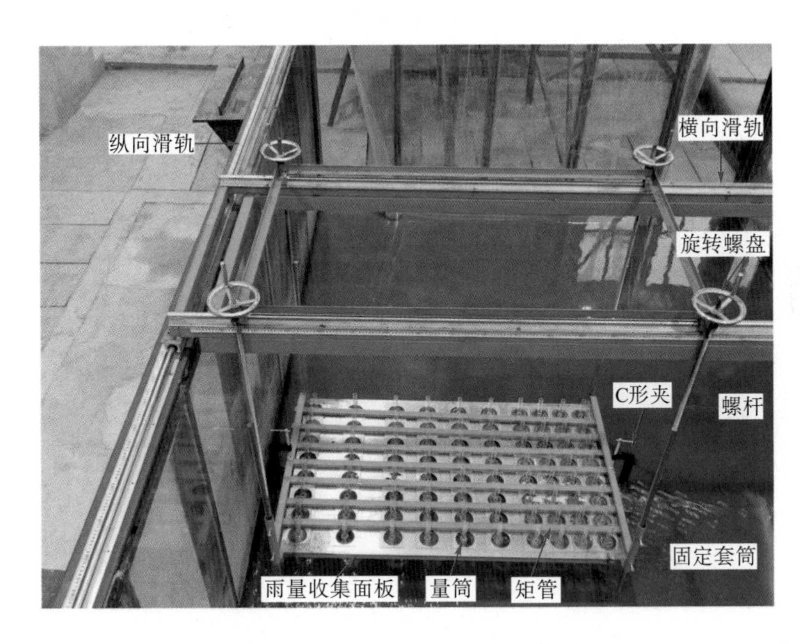

图 2.6　试验雨强接收系统布置图

在水舌入水附近，水流冲击力大，如何避免雨强接收系统晃动，实现对固定测点雾雨强度的测量是本试验装置的一大难题。在纵向和横向上，将雨强接收系统放置于试验所需的位置后，用 C 形夹将横向滑轨与水槽、雨强接收系统上部支撑杆与横向滑轨分别固定起来，避免在试验进行中，测量装置在纵向和横向位置上滑动。试验装置在纵向滑轨及横向滑轨附近均安装有标尺，以便读取雨量收集系统放置位置。在垂向上，经过多次测试，本模型在螺杆下部布置一圆形的套筒，将螺杆与一钢管套住，该钢管可在高度方向上下移动。当钢管下部与水槽底部平面接触，再拧紧套筒上的螺丝，利用钢管底部与水槽底面的摩擦阻力，以实现雨量收集面板在垂向位置上的固定。通过以上措施，试验既实现了对雨强接收系统在各空间位置上的固定，又实现了在测量过程中对固定测点雾雨强度的测量。

该雨量收集面板由不锈钢钢板制成，横向上开有 10 个孔，纵向上开有 8 个孔。在靠近水舌中轴线位置，雨强变化梯度较大，因此孔洞间距较小，而靠近水槽边壁的孔洞间距稍大。在横向上，自下游水槽中心线至边壁的孔洞中心的间距依次为 10cm、10cm、10cm、15cm、15cm、15cm、15cm、20cm 及 20cm；在纵向上，每个孔洞中心间距为 10cm。试验过程中，将本试验特制的量筒放入雨量收集面板的孔洞中，并用矩管和 C 形夹固定，避免量筒晃动(图 2.7)。本试验采用的雨量收集量筒是由有机玻璃精加工而成的，从上到下依次为短圆管、方块、瓶身及阀门。量筒的量程为 20～500mL，根据各测点的雾雨强度大小放置量程不同的量筒。量筒顶部是长度 10cm、内径为 1.6cm 的短圆管。Zhang 等[73]曾运用具有不同口径(1.52～3.26cm)的玻璃瓶和塑料瓶测量掺气水射流在空中喷射后的雨强分布，发现测得的结果基本一致，误差仅仅为 3%，说明不同孔径的测量误差是可以忽略的。测量过程中，量筒短管的顶部高于下游水槽内水体的壅水高度，以避免壅水直接进入量筒对测量结果造成误差。每个量筒均有一个边长 10cm 的带孔方块，量筒放置在孔洞中且不会滑落。每个量筒底部安装有阀门，试验结束后，将雨量收集量筒中的水通过阀门倒入带有刻度的量筒中，并对各测点的雨量进行记数。当雾雨测量位置垂向高度不大时，量筒下半部分位于水面以下；当测量位置高度较大时，量筒全部位于水面以上。经测试，所有量筒均不漏水，可用于雾雨强度试验测量。

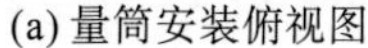

(a) 量筒安装俯视图

(b) 量筒安装侧视图

图 2.7　量筒安装局部视图

现有研究中，在雨量较小区域，采用斑痕法测量；在雨量稍大的区域，采用海绵盒称重法测量；在雨量较大区域，采用量筒法测量。斑痕法是用特殊处理过的滤纸接取雨滴，试验前需拟合雨滴斑痕直径与雨滴在空中直径的关系，试验测量后根据每个测点的雨滴谱分布特征来推算该测点的空中含水量、雨量，该方法适用于雨滴直径为 0.2～4.0mm 且数量少的区域[30]。海绵盒称重测量法是在盒子中放置吸水性较好的脱脂棉(避免溅到盒子内的水滴发生二次飞溅造成误差)，在试验测试前后对海绵盒进行称重，再结合雨量收集时间，以得到测点的雨强[20,31,103]。当雨量较大时，因雾雨量体积太大，海绵盒称重法不再适用，从而采用量筒法直接测量，通过记录雨量收集的开始时间、结束时间和雨量体积(重量)，推求测点的雨强[19,30,107,110,143]。由于跌流入水激溅区雨量较大，因此本研究采用量筒法进行测量。本研究采用的测量方法与前人雾雨测量方法不同，前人主要采用单个的滤纸、海绵盒或量筒对激溅区某一平面高度或岸坡的雾雨量进行测量，王思莹等[19,143]将多个量筒串成一排对激溅区水舌入水四周的雨量进行测量，都局限于对单一平面雾雨强度的测量。本书自制的雨强接收系统，通过在雨量收集面板上固定多个量筒，可同时测量多个测点的雾雨强度，并且该雨强接收系统可在纵向、横向、垂向上移动，可实现对空间各点雾雨强度的测量。

2.2.2　高速摄像系统

高速摄像对光线要求较高，因试验是在室内进行的，自然光源不能满足拍摄要求。为了获得水舌入水激溅后较为清晰的激溅水点图片，在主要的拍摄区域增加照明设施以改善光线条件。照明设施采用金贝公司生产的 EFII-200 摄影灯(图 2.8)，灯头的功率为 200W，可根据现场实际光线需求调节不同的灯光效果和灯光亮度，以满足试验拍摄要求。

图 2.8　EFII-200 摄影灯

水舌入水激溅水滴在空中运动的时间短暂，一般的相机无法拍摄到较为清晰的图片，只能得到带拖影的模糊照片。高速摄像机能在短时间内拍摄大量清晰的运动图片，捕捉到激溅水滴的细节。本研究使用了 X213 高速摄像机(图 2.9)，主要参数见表 2.3。

图 2.9　X213 高速摄像机

表 2.3　X213 高速摄像机参数

参数	数值
最大分辨率	1280×1024
最大拍摄速度/(帧/秒)	1000000
最短曝光时间/μs	1

2.2.3 流量测量设备

本试验采用 SLD-CS200 手持式超声波流量计测量流量，该流量计主要由主机、传感器、超声波专用信号电缆及拉紧器组成。SLD-CS200 超声波流量计采用非接触测量方式对流量进行测量，其测量范围大(流速范围±32m/s，口径范围 15～6000mm)，当流速大于 0.2m/s 时，测量误差在±1%内，因此广泛用于各管道流体流量测量。

超声波流量计的工作原理(图 2.10)是运用超声波在流体中的传播时间存在差异,从而推算流体的运动速度，以得到流量。当超声波束在液体中传播时，液体的流动将使传播时间产生微小变化，其传播时间的变化正比于液体流速。流量为零时，两个传感器发射和接收声波所需的时间完全相同，液体流动时，逆流方向的声波传输时间大于顺流方向的声波传输时间，其关系符合式(2.1)：

$$V = \frac{MD}{\sin 2\beta'} \times \frac{\Delta T}{T_{up} T_{down}} \tag{2.1}$$

式中，β'为声束与液体流动方向的夹角(°)；M 为声束在液体中的直线传播次数；D 为管道内径(m)；T_{up}为声束在正方向上的传播时间(s)；T_{down}为声束在逆方向上的传播时间(s)；$\Delta T = T_{up} - T_{down}$。

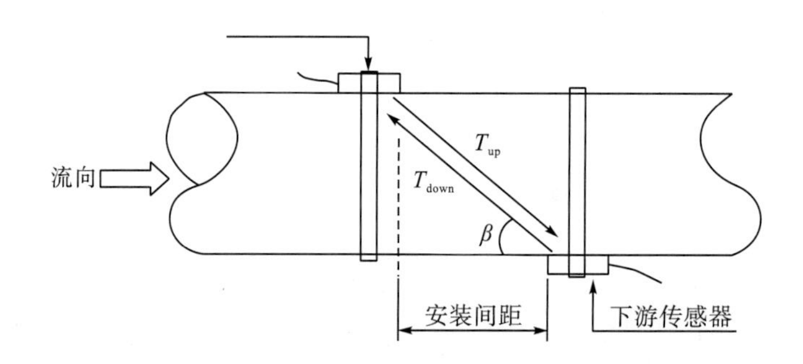

图 2.10 超声波流量计工作原理示意图

超声波流量计的安装如图 2.11 所示。首先在管道上选择合适的安装位置，运用耦合剂将传感器及管道耦合在一起，通过主机查看连接信号，微调传感器的位置使得流量计信号最佳，再运用拉紧器固定传感器的位置，以避免传感器移动从而影响测量结果。在主机上调节管道外径、壁厚、流体特性等相关参数后，即可通过主机显示屏查看流量值。

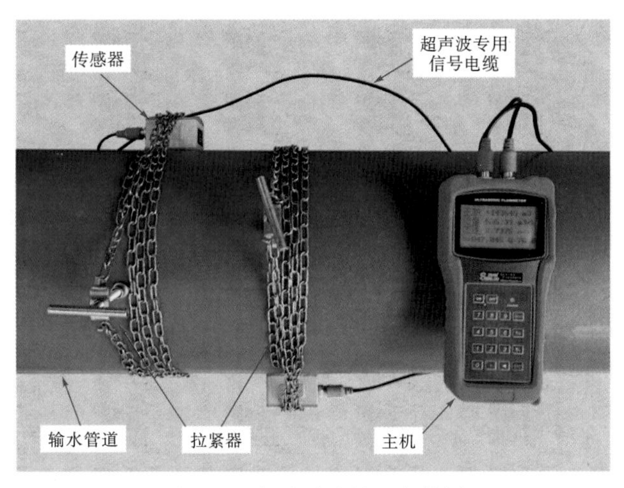

图 2.11　超声波流量计安装图

2.3　试验方法及可靠性分析

2.3.1　试验步骤

1. 试验前的准备

正式试验前，需要对各流量下的上游水槽水深、下游水槽保持特定水位下的尾门高度、上下游水槽各自的升降高度等试验参数进行详细精确的测量、调试及计算。在得到试验布置的各参数后，根据各参数对试验装置的位置进行调节和固定。首先，将雨量收集面板调节至需要测量的平面高度，将自制雨强接收系统固定在水舌入水位置下游的右侧，其中第一列量筒中心点的连线位于水舌中轴线上，并将挡雨帘移动至水舌入水位置下游、自制雨强接收系统上游的位置，与自制雨强接收系统紧贴，以防止在正式试验前溅水进入雨量收集量筒中，影响试验结果。将下游水槽尾门调节至预先调试好的高度，通过升降装置将上、下游水槽调节至预先设定好的高度位置。

2. 试验数据测量

开启水泵，观察超声波流量计显示流量大小，通过调节流量阀门至试验工况需要的流量。同一流量下进行多次试验，在相同流量下流量阀门的开度是相同的，因此只要试验所需流量不发生改变，流量阀门就不需要再次调节。自水泵开启至流量稳定后，快速移走挡雨帘使得溅水能够进入雨量收集系统的各个量筒中，同时记录测量开始时间，待测量一段时间 T(min)后，关闭水泵，对每个量筒接收到的雨量进行记录。由于雨强接收系统纵向上的测量长度仅为 80cm，在很多工况下所需测量雨量的纵向长度大于 80cm，因此需要将雨强接收系统移动至下游的下一个位置进行测量，在本试验中同一工况同一测量高度下，雨量收集装置在纵向上的测量位置不超过 3 个，即最大的测量长度为 240cm。为了保证测量精度，相同工况进行两次测量，如果两次测量值相差超过15%则重复进行第三次测量，取得的有效值进行平均，得到最后的测量值。

3. 试验数据处理

本试验得到的试验数据主要是各空间测点收集到的雨量值，采用式(2.2)将雨量值换算为雨强值：

$$I_{(x,y,z)}=\frac{60\times q_{(x,y,z)}\times 10^3}{S_e T} \tag{2.2}$$

式中，$I_{(x,y,z)}$表示空间点(x, y, z)处的雾雨强度(mm/h)；$q_{(x,y,z)}$表示该点量筒中接收到的水量(mL)；$S_e=\pi d^2/4$，是雨量筒的有效接水面积(mm^2)；T为雨量收集时间(min)。

2.3.2 测量参数的确定及试验可靠性分析

1. 雨强接收系统与水舌碰撞中心点相对位置的确定

水舌入水后，水舌碰撞位置上、下游一定范围内形成壅水，激溅起来的水点或水块向四周斜抛出去。水舌在空中运动时与空气相互作用，从而产生掺气、散裂。本研究的所有试验工况中，射流中心轨迹长度均大于或接近射流破碎长度，水舌掺气严重，其入水厚度大大增加甚至散裂为水束。当雨强接收系统距离水舌碰撞中心点太近时，部分水舌空中散裂的水束、水滴会不经过与下游水垫的碰撞直接从空中进入量筒内；同时距离水舌碰撞点越近，壅水越高，可能会有大量壅水进入量筒，影响激溅雾雨强度测量结果；并且，当测量高度较低时，雨量收集面板及量筒下半部分位于水面以下，不可避免地对水舌碰撞点附近的流场产生干扰，距离越近，干扰越大。当雨强接收系统距离水舌碰撞中心点太远时，又测量不到距离水舌碰撞中心点较近的雾雨强度，测量数据减少，不利于对激溅区雾雨扩散特性的整体分析。

因此，雨强接收系统与水舌碰撞中心点相对位置的确定至关重要。在正式试验前，观察不同单宽流量、水头差、水垫深度、雨强接收系统与水舌碰撞中心点的距离的条件下，空中散裂的水束、水滴是否直接进量筒；水垫塘内的壅水是否进入量筒；测量不同纵向距离、相同水力条件、相同测点位置的雾雨强度变化。经过多次观察和测试后，确定雨强接收系统上游第一排量筒中心距离水舌碰撞中心点的纵向距离为50cm，激溅雾雨分析以水舌入水碰撞中心点为零点，即雾雨强度试验数据自$x=50$cm开始向下游测量。

2. 测量垂向高度的确定

该试验通过测量水面上几个不同垂向高度平面内的雨量来确定空间雾雨强度。测量垂向高度为测量平面与水舌碰撞点的高度差，记为z，称其最小值为初始平面高度$z_{\min}$。当初始平面高度较低时，雨量收集面板和量筒的阻水面积较大，壅水高度也会较大，导致壅水直接灌入量筒，影响试验测量结果。通过试验观察确定初始平面高度$z_{\min}$为17cm或20cm，在低水头时选用17cm，在高水头时选用20cm。在接近水面的位置，雾雨强度沿垂向上的变化梯度较大，两垂向测量高度的间距为 3cm；当距离水面较远时，雾雨强度沿垂向上的变化梯度减小，两垂向测量高度间距为 5～10cm。每个工况测量 5～7 个高度，雾雨强度值自 z_{min} 往高处测量，各工况具体测量高度根据实际收集到的雨量而定，若某平面高度下量筒收集到的雨量过少，则不再对更高位置的雾雨量进行测量。

3. 雨量收集时间的确定

试验通过测量一段时间内量筒接收到的雨量求得各测点的雾雨强度。由于水滴运动具有随机性，并且量筒内壁不可避免有水，测量结果存在一定误差。理论上而言，测量时间越短，量筒收集到的水量越少，误差越大。但如果测量时间太长，雨量可能超过量筒量程，试验周期也会较长。为了选择合理的雨量收集时间，对不同雨量收集时间下（T=10min、20min、30min、60min）的雾雨强度（I）作对比试验，不同雨量收集时间下雾雨强度对比见图 2.12。需要说明的是，该试验数据是在试验初始阶段测得的，上游第一排量筒中心点与水舌碰撞中心点的纵向距离 x 为 45cm，但试验观察过程中未发现空中散裂水滴或水垫塘壅水进入量筒内，其测量数据是有效的。

从图 2.12 可以看出，对于大多数测点，当 T=10min 时，雾雨强度偏离最大，与 T=60min 的测量结果偏离最远。当 T=30min 时，雾雨强度与 T=60min 的结果偏差较小。为了进行精确的对比，在 T=30min 和 T=60min 时，将靠近水舌中轴线的 5 列测点的雾雨强度进行误差分析，见表 2.4。由于靠近水槽边壁雾雨量较小，由试验装置测量产生的误差相对较大，因此未作对比。从表 2.4 可以看出，除个别测点外，T=30min 与 T=60min 间的误差基本不超过±10%，且大多数不超过±5%。由于激溅水体抛射是随机的，本身就缺乏稳定

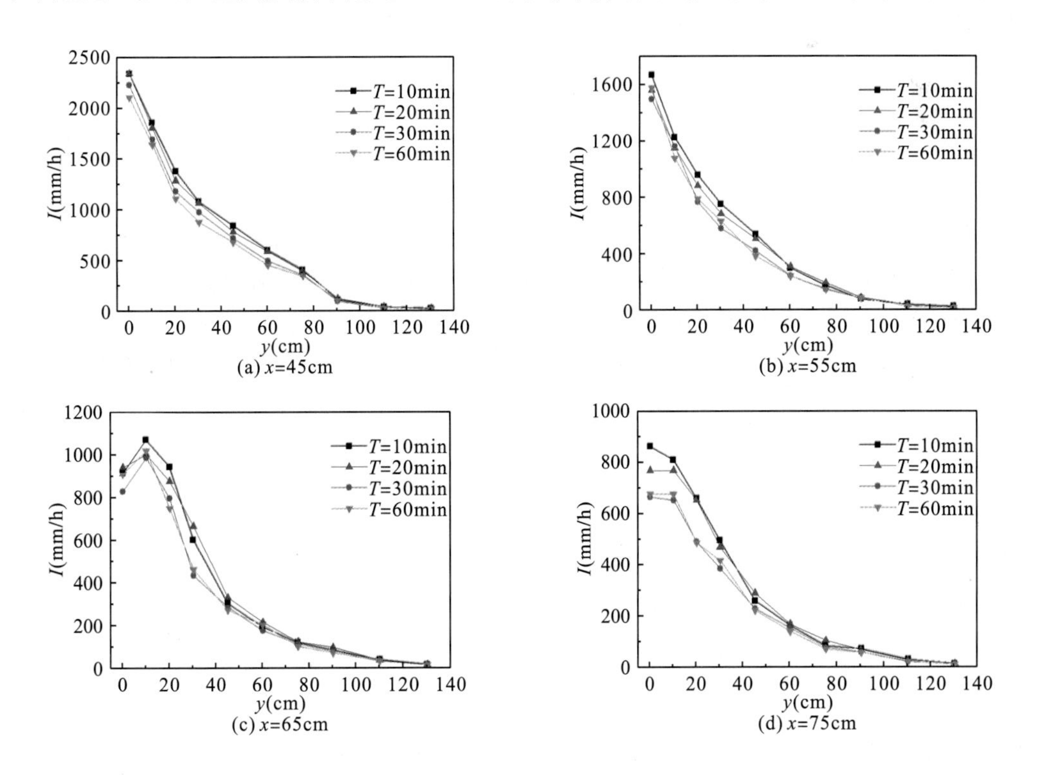

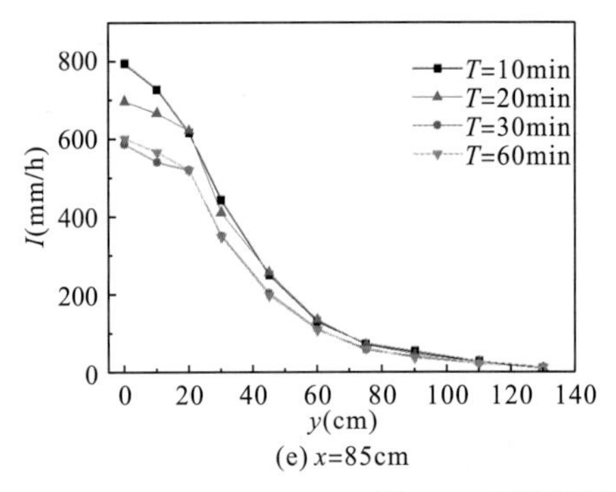

(e) x=85cm

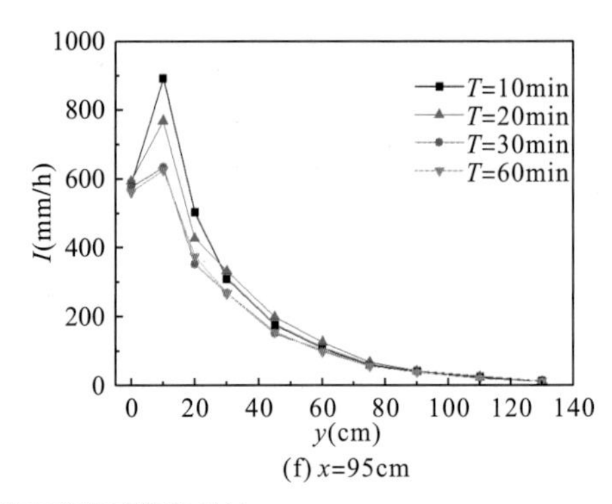

(f) x=95cm

图 2.12 不同雨量收集时间下雾雨强度对比

注：单宽流量 $q=0.18\text{m}^2/\text{s}$，射流入水碰撞速度 $V_j=10.4\text{m/s}$，下游水垫深度 $h=20\text{cm}$，垂向高度 $z=20\text{cm}$。x 表示距中水舌碰撞中心点的纵向距离，y 表示距中水舌碰撞中心点的横向距离。

性，又由于试验装置、人为读数均会造成一定误差，并且所得误差有“+”有“−”，因此认为本试验出现的误差是在正常范围。考虑到试验工况较多，试验测量工作量大，在正式试验的所有工况中都选取雨量收集时间 T=30min。

表 2.4 $T=30\text{min}$ 和 $T=60\text{min}$ 雾雨强度误差值对比（%）

(x, y)	$x=45\text{cm}$	$x=55\text{cm}$	$x=65\text{cm}$	$x=75\text{cm}$	$x=85\text{cm}$	$x=95\text{cm}$	$x=105\text{cm}$	$x=115\text{cm}$
$y=0\text{cm}$	5.64	−5.00	−8.90	−1.63	−2.50	2.68	−8.81	−2.19
$y=10\text{cm}$	3.36	7.80	−3.43	−3.63	−4.42	1.20	−7.91	−7.64
$y=20\text{cm}$	6.33	−2.67	6.00	0.62	0	−6.04	−8.30	−12.61
$y=30\text{cm}$	10.86	−8.25	−6.30	−7.71	0.72	0	7.09	−0.65
$y=45\text{cm}$	5.56	9.74	4.81	2.73	3.32	−2.30	7.20	−4.63

注：误差值=$[I(T=30\text{min})-I(T=60\text{min})]/I(T=60\text{min})\times100\%$。

由图 2.12 和表 2.4 可以看出，在不同测量时间、相同水流条件及测量位置下，雾雨强度变化趋势吻合，在 T=30min 和 60min 时同一测点的雾雨强度相差甚微，说明了该试验装置及测量方法的可靠性和可重复性，可用于跌流水舌入水激溅区雾雨扩散特性研究。

2.4 测量内容及试验工况

2.4.1 测量内容

正式试验前，对上游水槽在各流量下的水位进行测量，得到上游水槽水位流量关系式（式 2.3），后续研究中会根据上游水槽的水位推求跌流水舌在空中的运动轨迹中心线，进而得到水舌碰撞中心点。

$$h_u = -2.309q^2 + 1.177q + 0.400 \tag{2.3}$$

式中，q 为单宽流量(m^2/s)；h_u 为上游水槽水位(m)。

图 2.13 为测得的上游水槽水位流量关系图。

试验过程中，通过自制雨强接收系统，对跌流水舌入水激溅区空间各点的雾雨量进行测量，进而得到不同单宽流量、水头差、水垫深度下的雾雨空间扩散范围和雾雨强度空间分布，通过相机拍照得到跌流水舌在空中的散裂形态，运用高速摄像系统拍摄激溅水体散裂特征和运动形态。

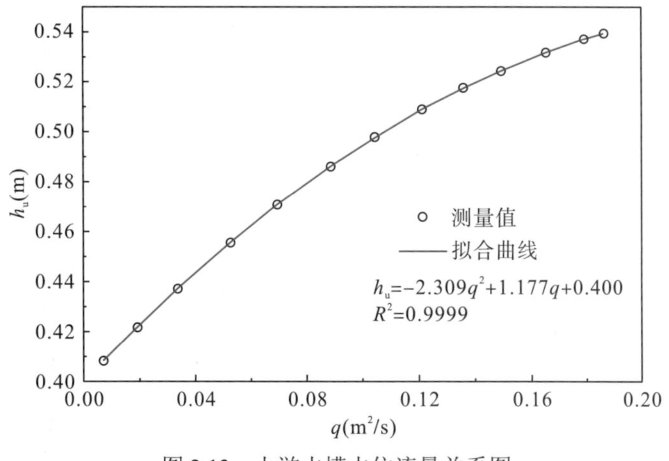

图 2.13　上游水槽水位流量关系图

2.4.2　试验工况

前人对泄洪雾化做了大量研究，认为影响泄洪雾化的主要因素为上下游水头差、泄洪流量和泄流方式。本研究发现，水垫深度对激溅水块、水点的形态及分布特性有较大影响，因此选取单宽流量(q)、水头差(H)及水垫深度(h)三个变量因素进行跌流水舌入水激溅区雾雨测量试验。

从表 2.1 对我国部分大坝表孔泄流参数的统计可知，各跌流水舌的水头差为 98.97～232.80m，平均水头差约 180m；出流单宽流量为 62.40～230.68m^2/s，平均单宽流量约 129m^2/s；水垫深度 29.70～62.83m，平均水垫深度约 48m；水垫深度与水头差的比值 h/H 在 0.189～0.389，h/H 最大值约为最小值的两倍。Puertas 等[141]对西班牙 10 座拱坝进行统计，它们的水头差为 37～135m，平均水头差 89m，平均单位流量 q 约 10.9m^2/s(6.5～23.53m^2/s)。水垫深度 h 通常为 8～12m，h/H 比值在 0.04～0.13。各泄洪水力参数与我国水利工程相比，均较小。

结合表 2.1 和表 2.2 统计资料及实验室实际条件，拟定本试验单宽流量为 0.10m^2/s、0.14m^2/s、0.18m^2/s，水头差为 3.5m、4.0m、4.5m、5.0m、5.5m，水垫深度为 20cm、30cm、40cm、50cm、60cm，共 75 个工况(表 2.5)，每个工况根据雾雨收集量的实际情况在垂向(z)上测量 5～7 个高度，由于在试验初期测试 z 的变化对雾雨特性的影响，试验工况 T3-5-1、T3-5-2(q=0.18m^2/s，H=5.50m，h=20/30cm)的 z=20cm、23cm、26cm、29cm、

32cm、35cm、38cm、41cm、44cm、50cm，共 10 个高度(表 2.5)。模型试验 h/H 的范围为 0.036～0.171，h/H 最大值为最小值的 4.75 倍，h/H 试验值小于原型(表 2.1)中统计范围(0.189～0.388)，鉴于实际工程中通常是采用多孔同时泄流，但本模型中是单孔泄流，并且本试验旨在研究各水力参数对激溅雾化源的影响，因此认为 h/H 试验范围是合理的。

表 2.5　试验工况表

试验工况	q(m²/s)	H(m)	h(cm)	z(cm)	L_0(m)	V_j(m/s)	θ(°)	B_g(mm)	B_j(mm)	Fr_j	Re_j(×10⁵)	$We^{0.5}$	L_b(m)
T1-1-(1～5)	0.10	3.50	20,30,40,50,60	17,20,23,26,29,35	0.87	8.3	83.3	12	35	14.2	2.9	175	2.98
T1-2-(1～5)	0.10	4.00	20,30,40,50,60	17,20,23,26,29,35	0.92	8.9	83.8	11	36	14.9	3.2	190	2.98
T1-3-(1～5)	0.10	4.50	20,30,40,50,60	17,20,23,26,29,35	0.98	9.4	84.2	11	37	15.5	3.5	205	2.98
T1-4-(1～5)	0.10	5.00	20,30,40,50,60	20,23,26,29,35,40	1.03	9.9	84.5	10	39	16.1	3.8	220	2.98
T1-5-(1～5)	0.10	5.50	20,30,40,50,60	20,23,26,29,35,40	1.07	10.4	84.8	10	40	16.6	4.1	234	2.98
T2-1-(1～5)	0.14	3.50	20,30,40,50,60	17,20,23,26,29	0.98	8.3	82.3	17	45	12.4	3.8	199	3.31
T2-2-(1～5)	0.14	4.00	20,30,40,50,60	17,20,23,26,29,35	1.04	8.9	82.9	16	47	13.1	4.1	217	3.31
T2-3-(1～5)	0.14	4.50	20,30,40,50,60	17,20,23,26,29,35	1.11	9.4	83.3	15	48	13.6	4.6	234	3.31
T2-4-(1～5)	0.14	5.00	20,30,40,50,60	20,23,26,29,35,40	1.16	9.9	83.7	14	50	14.1	5.0	250	3.31
T2-5-(1～5)	0.14	5.50	20,30,40,50,60	20,23,26,29,35,40	1.22	10.4	84.1	13	52	14.6	5.4	267	3.31
T3-1-(1～5)	0.18	3.50	20,30,40,50,60	17,20,23,26,29,35	1.05	8.3	81.7	22	55	11.3	4.5	219	3.60
T3-2-(1～5)	0.18	4.00	20,30,40,50,60	17,20,23,26,29,35	1.12	8.9	82.3	20	57	11.9	5.0	238	3.60
T3-3-(1～5)	0.18	4.50	20,30,40,50,60	20,23,26,29,35,40	1.19	9.4	82.8	19	58	12.4	5.5	257	3.60
T3-4-(1～5)	0.18	5.00	20,30,40,50,60	20,23,26,29,35,40,45	1.25	9.9	83.2	18	60	12.9	6.0	275	3.60
T3-5-(1～5)	0.18	5.50	20,30,40,50,60	20,23,26,29,35,40,50	1.31	10.4	83.6	17	62	13.3	6.4	293	3.60

注：工况 T3-5-1、T3-5-2 测量平面高度 z=20cm，23cm，26cm，29cm，32cm，35cm，38cm，41cm，44cm，50cm。

各试验工况下，射流入水碰撞速度 V_j 介于 8.3～10.4m/s，$We^{0.5}$ 介于 175～293，Re_j 介于 2.9×10^5～6.4×10^5。前人[126,127]在挑流水舌的泄洪雾化物理模型研究中表明，模型中水流 $We>500$ 并且 $V_j>6.0$m/s 时，模型实验可以忽略表面张力的影响，基本满足水舌掺气和散裂的相似性，模型雾雨强度和原型雾雨强度之间存在指数关系。由于在挑流水舌中，We 的计算是选取出坎水流条件作为计算条件(式 1.5)，与跌流水舌不同(式 2.11)，因此挑、跌流水舌的 We 不可直接对比，但本试验中水舌入水碰撞流速均大于 6.0m/s。

同时，根据 Heller 等[144]指出：在水利模型实验中，当 $We^{0.5}>140$ 或 $Re>3\times10^5$ 时，只需考虑重力相似准则。

由于本试验旨在研究各水力参数对跌流水舌入水激溅雾化源的空间强度分布和扩散范围的影响，物理模型是概化的，不存在特定原型工程，因此其几何比例尺并非定值。通过对比本模型设计参数及表 2.1 中原型参数，考虑到表 2.1 中几乎均为大于 200m 的高坝，而现实中还存在很多中、低坝，推断本物理实验模型的几何比例尺为 20～40。

跌流水舌运动示意图及相关参数如图 2.14 所示。水舌离开跌坎时出口断面的流速为 V_c，出流水深为 h_0。Castillo 等[74]将水舌中心和堰顶垂向距离与堰顶水头（h'）相等的位置设置为出射条件，V_i 为出射流速，B_i 为水舌出射厚度；水舌入水前的条件作为碰撞条件，V_j 为射流入水碰撞速度，B_j 为碰撞厚度；L_b 为水舌破碎长度；h_u 为上游水槽水位。

尖顶堰自由跌流水舌中心轨迹采用下式计算[145]：

$$x^*=2.155(z^*+1)^{1/2.33}-1 \tag{2.4}$$

其中，$x^*=x'/h',\ z^*=z'/h',\ h_0\approx0.85h'$，$x'$ 和 z' 分别为距堰顶的水平距离（m）和垂直距离（m），如图 2.14 所示。

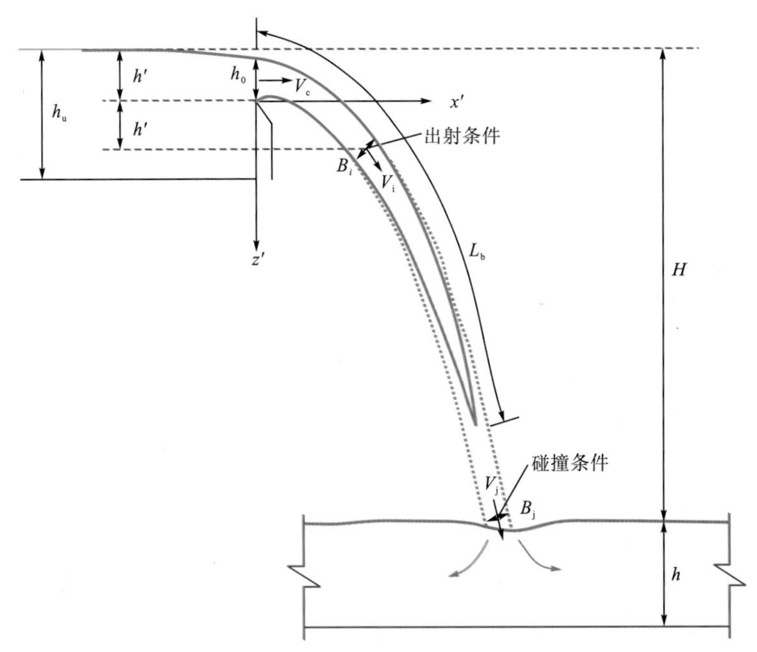

图 2.14　跌流水舌运动示意图

水舌入水角度 θ 定义为水舌入水方向与水平面的夹角，跌流水舌水平落距 L_0 定义为跌坎至水舌碰撞中心点的纵向距离。本书根据式（2.4）推算水舌入水角度 θ 及水舌落距 L_0（具体数值见表 2.5），试验过程中借助直尺、铅锤等工具对水舌落距的验证表明，与式（2.4）的计算值相吻合。在本试验工况中，水舌入水角度的范围为 81.7°～84.8°，水舌入水角度接近垂直状态；水舌水平落距 L_0 的范围为 0.87～1.31m。

水舌在空中运动过程中不断掺气，使得流速小于仅在重力作用下理想流速。前人对挑流水舌流速沿程变化研究表明，流速折减系数 φ_a 为 0.9～1.0，该系数与水舌的散裂程度紧密相关，通常情况下水舌破碎越严重该系数越小。由于本研究水头差较大，水舌为薄片流，水舌入水流速及掺气浓度测量难度大，在本研究阶段未进行测量。本书在后续的相关研究中将水舌掺气对激溅的影响包含在相关常系数中，采用将不考虑空气影响的理想流速作为水舌碰撞速度：

$$V_j = \sqrt{2gH} \tag{2.5}$$

根据 Castillo 等[74]的研究，俯角为 0°的跌流水舌厚度采用式(2.6)计算：

$$B_j = B_g + B_s = \frac{q}{\sqrt{2gH}} + 4\varphi\sqrt{h'}\left(\sqrt{2H} - 2\sqrt{h'}\right) \tag{2.6}$$

式中，B_g 是重力作用下的厚度(m)，$B_g = q/\sqrt{2gH}$；B_s 为考虑扩散的厚度(m)；q 为水舌出流单宽流量(m²/s)；$\varphi = K_\varphi T_u$，K_φ 为系数，根据 Castillo 等[74]的实验结果，对于二元水舌 $K_\varphi \approx 1.02$，三元水舌 $K_\varphi \approx 1.24$；T_u 为湍流强度，模型实验中采用式(2.7)、式(2.8)计算

$$T_u = \frac{q^{0.43}}{IC} \tag{2.7}$$

在初始条件下

$$IC = \frac{14.95g^{0.50}}{K_d^{1.22}C_d^{0.19}} \tag{2.8}$$

式中，g 是重力加速度(m/s²)，K_d 为无量纲系数($K_d \approx 0.85$)，C_d 是流量系数(对于尖顶堰 $C_d \approx 1.85$)。

跌流水舌碰撞的弗劳德数 Fr_j、雷诺数 Re_j、韦伯数 We 分别采用式(2.9)～式(2.11)计算：

$$Fr_j = V_j / \sqrt{gB_j} \tag{2.9}$$

$$Re_j = V_j B_j / \nu \tag{2.10}$$

$$We = \rho V_j^2 B_j / \sigma \tag{2.11}$$

水舌破碎长度 L_b：

$$\frac{L_b}{B_i Fr_i^2} = \frac{K}{(K_\varphi T_u Fr_i^2)^{0.82}} \tag{2.12}$$

其中，B_i、Fr_i 和 T_u 分别为出射条件下水舌的厚度(m)、弗劳德数和湍流强度。

2.5 本 章 小 结

本章介绍了物理模型试验装置的布置，试验系统主要包括两个可升降的明渠水槽、蓄水池和循环水系统；主要试验测量设备为自制的雨强接收系统、高速摄像机及超声波流量计，并对其做了详细介绍；在参考国内外跌流水舌原型观测资料的基础上，结合实验室条件对试验工况进行拟定；介绍了试验中主要的水力参数、试验布置参数的计算方法或选取方式。经过验证表明：该试验装置及测量方法可靠，可用于跌流水舌入水激溅区雾雨扩散特性研究。

第3章　入水激溅区雾雨强度分布规律

泄洪雾化是一种很复杂的水-气两相流，由于大坝空间位置高、泄流能量大，水舌入水激溅所形成的雾化降雨范围大、强度高，这对建筑物的安全性、山体稳定性及交通安全等造成严重危害，如二滩水电站就曾经因泄洪雾化使得水垫塘两岸局部滑坡，新安江水电站、刘家峡水电站因泄洪雾化导致机电设备不能正常运行。目前对于射流入水激溅特性的研究，大多将其简化为圆管射流，而圆管射流形态通常被看作是二维的，实际工程中泄流水舌扩散形态是三维的，不同射流入水形态其碰撞特性不同，从而引起的激溅特性也不同。一些学者结合实际工程对挑流水舌入水激溅平面范围和雨强大小进行测量，但是没有对垂向高度上的雨强分布进行研究，实验所得数据量小，且定性分析较多、定量分析较少，对于跌流水舌激溅带来的雾化问题，还需进一步研究与探讨。本章主要介绍跌流水舌入水激溅区雾雨强度的空间分布特征。

3.1　射流空中运动及入水激溅散裂特征

图3.1为俯角为0°的矩形跌流水舌在空中的散裂形态及入水激溅形态图。水舌从跌坎出流后，在空中运动时，受到重力、空气阻力、黏滞力、浮力、表面张力等作用。由图3.1(a)可以看出，由于与上游水槽同宽的侧面挡板的约束作用，水舌出流段横向宽度不扩散。由于模型实验在跌坎处的宽深比(b_0/h_0)较大(本实验中为 $7.0 \leqslant b_0/h_0 \leqslant 10.2$)，水舌出流后即为薄片流，刘宣烈等[52]认为：当 $b_0/h_0 \geqslant 8$ 时水舌即为二元流，在本研究的所有工况中均将跌流水舌视为二元流。

水舌在空中运动过程中，在重力作用下流速迅速增大。由于水舌带动周围的空气运动，在水舌附近可以明显地感受到水舌风。由于空气阻力作用，在水-气交界面形成细小的波纹，随着波纹幅度的增大而形成小旋涡。由于黏滞力的作用，在水舌表面产生明显的波纹，随着水舌的下落波纹不断聚集能量使其越来越大，与此同时，形成较大的旋涡，并卷入大量空气，形成掺气水舌。在大、小旋涡的相互作用下，水舌边缘破碎为水片或水滴，即为水舌空中扩散的雾化源。

随着下落高度的增加，水舌不断破碎、掺气，当水头差大到一定程度时，水舌不再存在射流核心区，当下落高度足够大时，水舌会完全散裂为水束[图3.1(b)]。

水舌与下游水体碰撞瞬间，忽略流体的可压缩性和形变，可简化为刚体撞击过程。该过程中将产生一个短暂的高速冲击波(速度大于水中音速)，导致接受撞击的液面发生凹陷变形。当入射水体进入接受水体后，发生扩散、旋滚与混掺，伴随着剧烈的动量交换和能

(a) 正视图

(b) 侧视图

(c) 水舌入水局部图

图 3.1 跌流水舌空中运动及入水激溅图

量交换，产生流速不连续现象，促使接受水体的液面在撞击点附近出现壅水现象，形成液冠(图 3.2)。随后液冠受到 Plateau–Rayleigh(普拉托-瑞利，P-R)不稳定的影响发生破碎。射流过程中，入射水流与接受水体液面间往往存在一个夹角，导致射流激溅的非对称性。入射水体下游形成的液冠壅水高度和破碎激溅程度更强。而在水舌的强烈紊动下，大量的空气进一步卷入水垫塘中，形成白水现象[图 3.1(b)和(c)]。

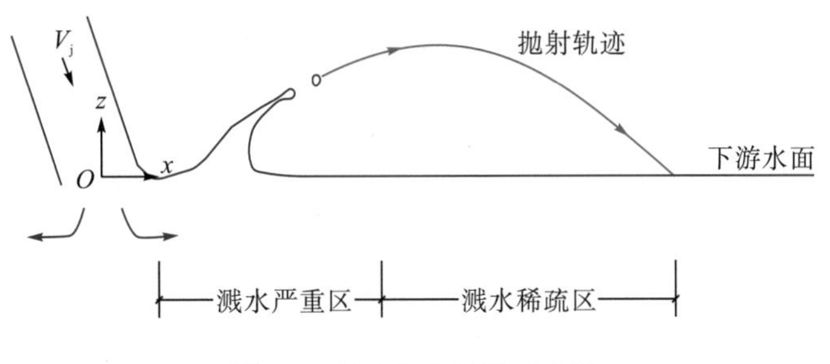

图 3.2　射流入水激溅示意图

图 3.3 为本实验中高速摄像机拍摄的跌流水舌入水激溅散裂形式，由于入射水体与接受水体液面间存在入射夹角，上下游之间存在明显的激溅不对称性，下游白水现象和激溅范围、强度均大于上游。激溅水体呈现出水块、水丝、水滴、水点形态，在空中作抛物线运动，其形状、大小、溅射速度、范围、形成原因均不同(图 3.4)。参照 Yarin 等[146]液滴撞击液膜飞溅的研究，此处给出相应解释。水垫塘内水体受到入射水流冲击后，由于水垫塘水体的速度不连续，形成液冠。随着液冠的发展，其顶部相对于底部偏厚，受到 P-R 不稳定的影响，液冠末端首先发生破碎，形成水点(液滴)。此类水点(液滴)形成于液冠末端，其尺寸小、溅射初始速度大，是激溅雾化区域外围的主要雾化源。随着液冠的进一步发展，表面张力难以维系液冠稳定，溅射水股发生破碎，在射流雾化核心区形成水块、水丝、水滴。而水块、水丝在运动过程中，发生破碎、碰撞与合并，产生更多的液滴，加剧了激溅雾化程度和降雨强度。

图 3.3　跌流水舌入水激溅散裂形式

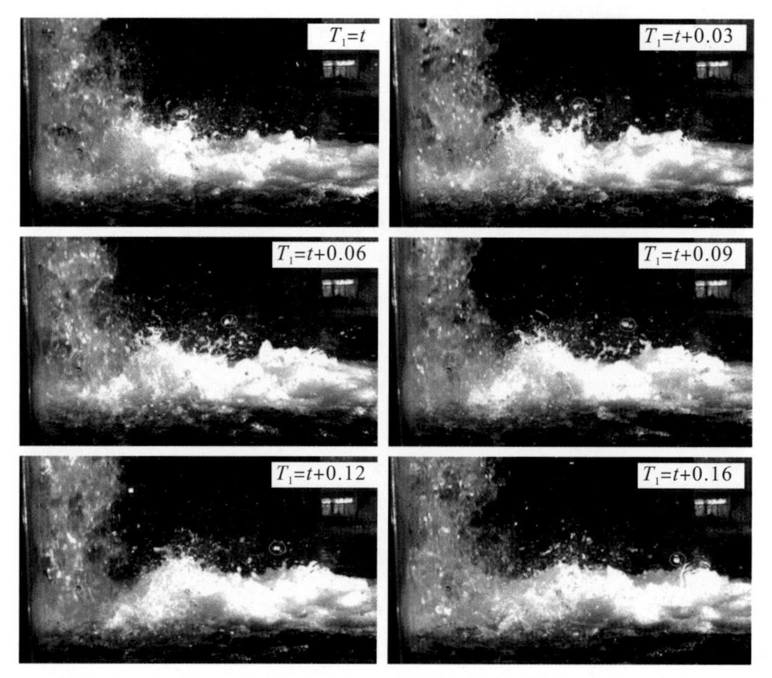

图 3.4 激溅水体在空中的运动轨迹(单位：s)

水舌入水激溅表现为激溅水体以不同的散裂形态(水块、水丝、水滴、水点)、不同的运动特性(初始抛射速度、出射角、偏转角)、不同大小及数目做斜抛运动，同时在空中的运动受空气阻力、风场等影响，并且激溅水体和环境条件是随机的，正是上述条件的不同使得激溅区雾雨强度和扩散范围不同。由于各水利枢纽工程的地形条件、风场差异较大，因此本书选取影响激溅雾化源最重要的水力因素(单宽流量、水头差、水垫深度)，对跌流水舌入水激溅区雾雨扩散特性进行研究，关于地形条件、风场、水滴在空中受到空气阻力、浮力等影响可以在后续研究工作中开展，本书不作讨论。

3.2 入水激溅区雾雨强度分布特征

入水激溅区雾雨分析坐标系统如图 3.5 所示，该坐标系统以水舌与水垫塘水面碰撞的中心点为坐标原点[采用式(2.4)计算确定]，沿水流方向(纵向)指向下游为 x 正方向，指向水槽侧壁(横向)向上为 y 正方向，沿高度方向(垂向)向上为 z 正方向。

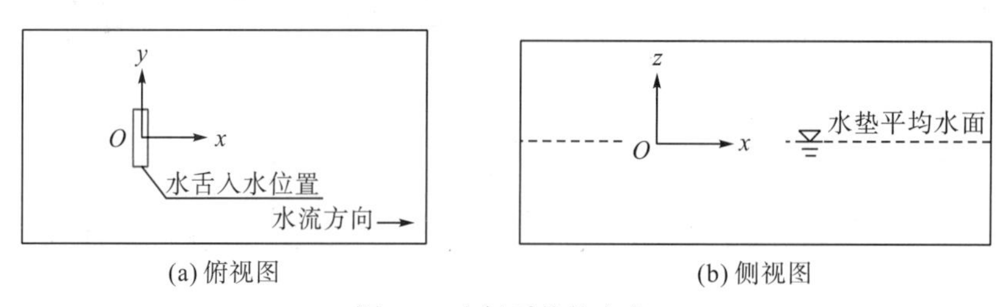

图 3.5 坐标系统的定义

3.2.1 入水激溅区雾雨强度云图

由于水舌入水激溅在横向上关于 x 轴基本对称，因此只对激溅区一半作分析。图 3.6 为雾雨强度特征位置示意图，主要特征有雾雨强度最大值位置和边界。从图 3.6 可以看出，激溅区平面内雾雨强度分布云图呈 1/4 椭圆分布，椭圆的中心点位于水舌碰撞中心点，通常情况下纵向长度大于横向宽度。在本实验测量范围内，雾雨强度最大值位于(50，0)附近。根据各工况实验数据，平面内 10%最大雾雨强度的边界用红色实线标示，20%的边界用红色点划线标示，50%的边界用红色虚线标示，在后续的雾雨强度平面分布中，各线条表示的含义相同。

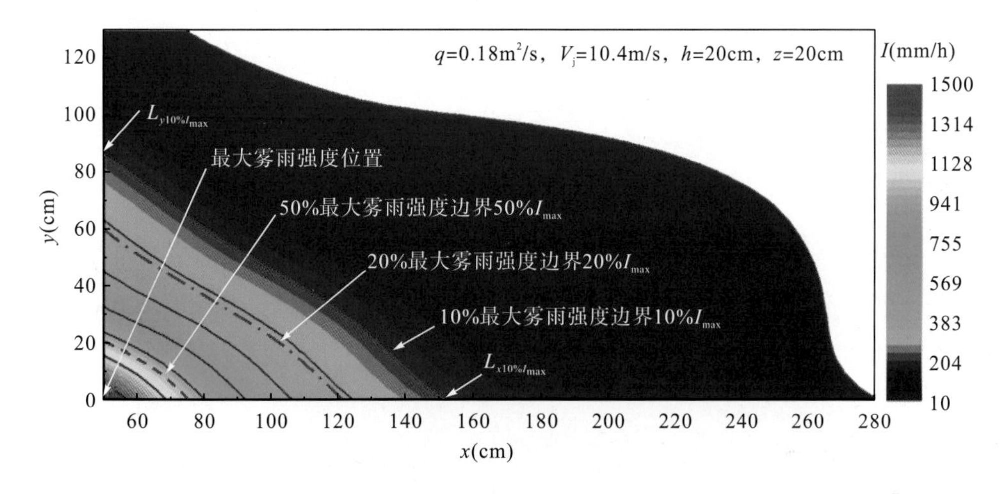

图 3.6 雾雨强度特征位置示意图

雾雨强度最大值定义为 I_{max}(mm/h)；在同一垂向高度的平面内，雾雨强度最大值位于上游第 1 排量筒($x = 50$cm)靠近水舌纵向中心线附近($y = 0$～30cm)，由于本实验的测量范围为 $x = 50$cm 及下游区域的横向半宽，水舌入水半宽约 42cm，因此可以推断雾雨强度最大值位于水舌碰撞区附近。$L_{x10\%I_{max}}$ 为同一水平面内 10%I_{max} 的纵向(x 方向)最远边界与水舌碰撞中心点的距离，$L_{y10\%I_{max}}$ 为同一水平面内 10%I_{max} 的横向(y 方向)最远边界与水舌碰撞中心点的距离。

图 3.7 为不同垂向高度(z)下平面内雾雨强度分布图，以水舌碰撞中心点为坐标原点。从图中可以看出，在不同高度的水平面上，雾雨强度分布均呈 1/4 椭圆分布，只是雾雨强度值大小及扩散范围有所不同。雾雨强度最大值位置位于上游第一排量筒中轴线附近，即(50，0)附近，随着高度的增加，位置有向水槽边壁移动的趋势，但与中轴线的距离通常不超过 30cm。从图 3.7 可以看出，随着垂向高度的增大，水平面内纵向扩散长度减小，横向扩散宽度也有减小的趋势，但横向变化值相对于纵向不明显。其原因在于水流跌落过程中存在一定沿 x 轴方向的流速，该流速的存在加剧了入射点下游的水垫塘水体的轴向速

度不连续性，进而加剧液冠的 P-R 不稳定性，导致其轴向下游区域内雾化范围、雾雨强度大于横向的，雾化区域大致呈 1/4 椭圆分布。雾雨强度分布等值线平滑，且分布曲线在不同高度上分布形式一致，表明雾雨强度在各水平面上的宏观分布规律一致。

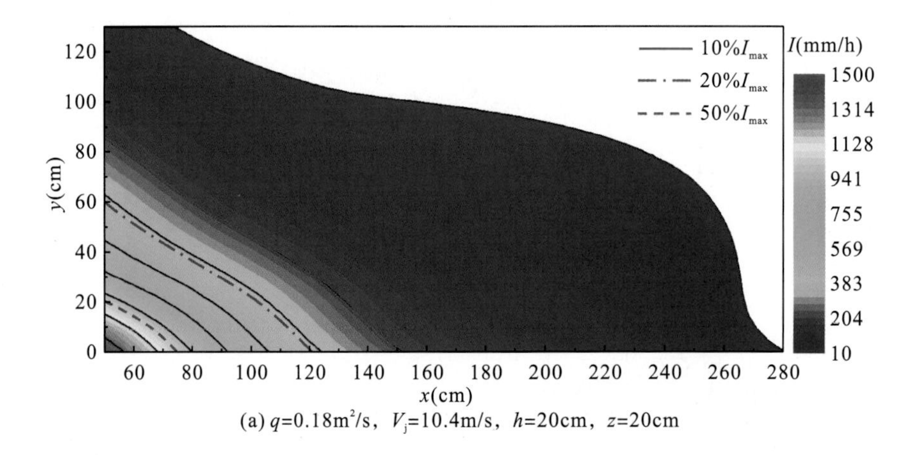

(a) q=0.18m^2/s，V_j=10.4m/s，h=20cm，z=20cm

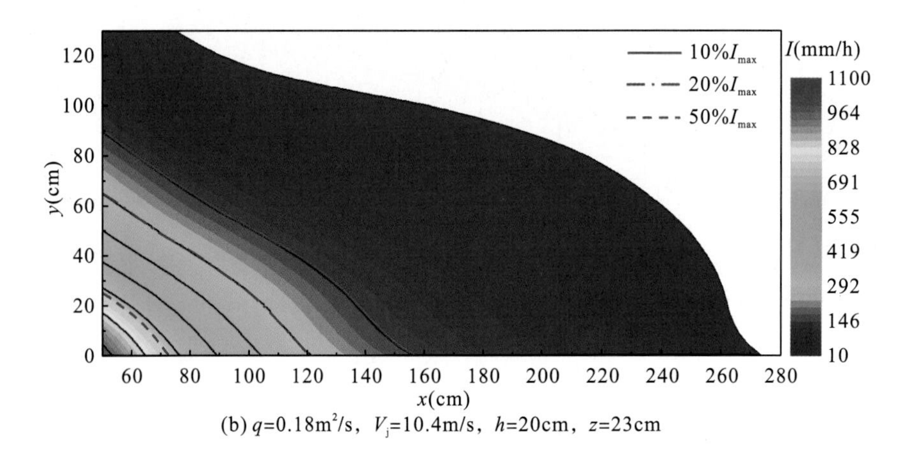

(b) q=0.18m^2/s，V_j=10.4m/s，h=20cm，z=23cm

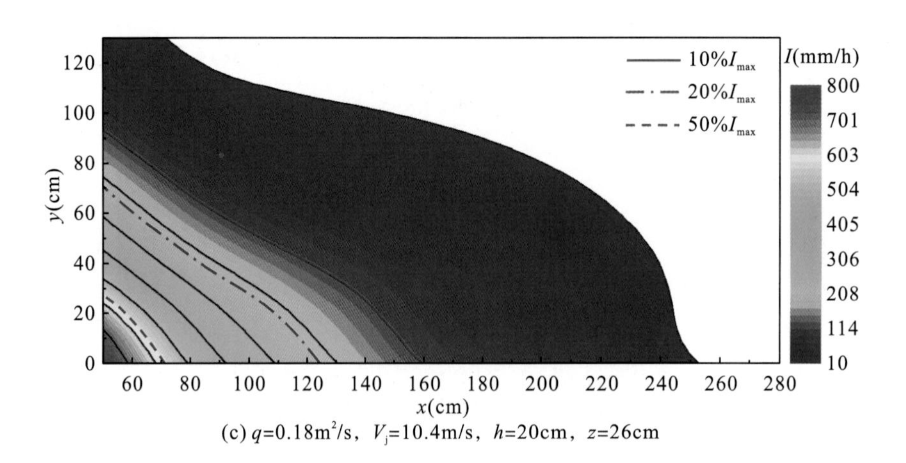

(c) q=0.18m^2/s，V_j=10.4m/s，h=20cm，z=26cm

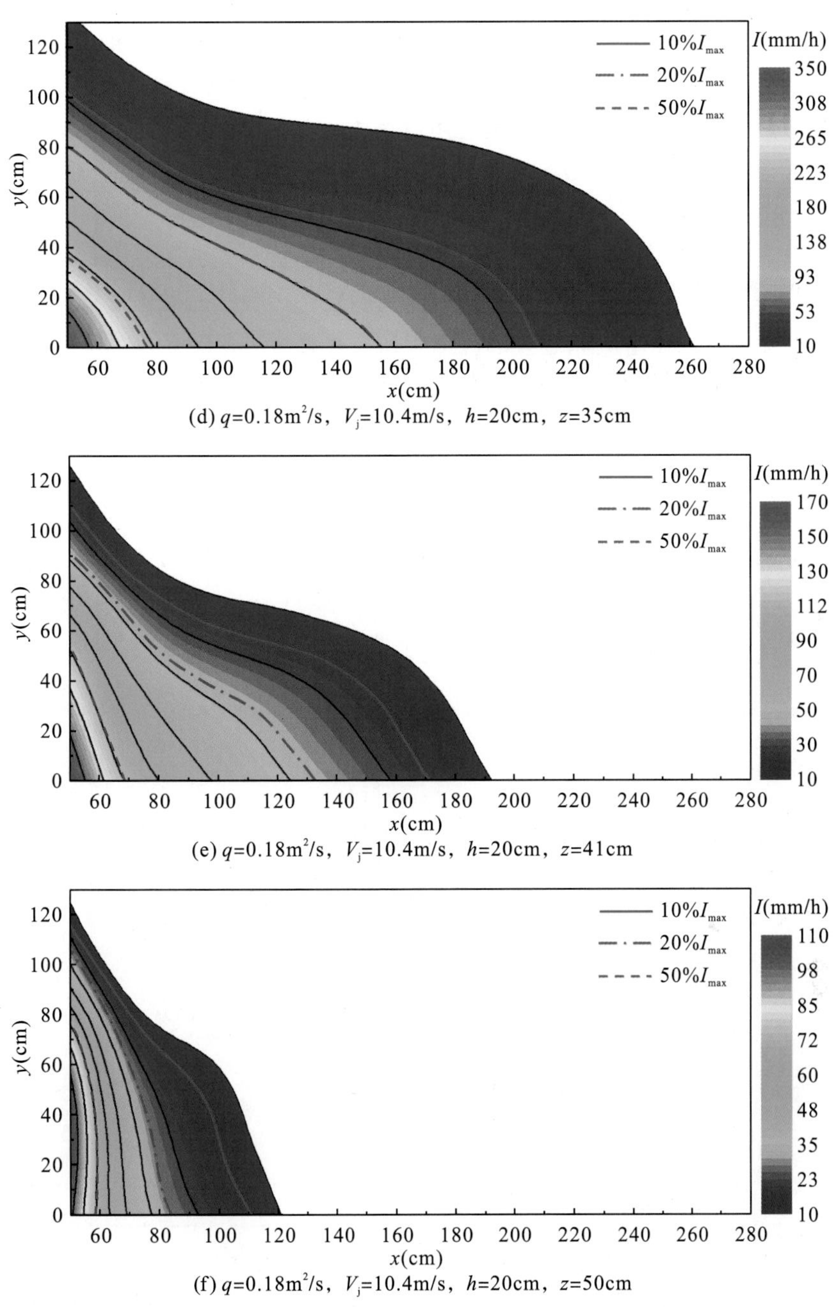

(d) q=0.18m²/s，V_j=10.4m/s，h=20cm，z=35cm

(e) q=0.18m²/s，V_j=10.4m/s，h=20cm，z=41cm

(f) q=0.18m²/s，V_j=10.4m/s，h=20cm，z=50cm

图 3.7　不同垂向高度(z)下平面内雾雨强度分布图

3.2.2　入水激溅区雾雨强度纵向分布特征

图 3.8 为不同工况下纵断面的雾雨强度变化规律。从图 3.8 中可以看出以下内容。

(1)在同一纵断面上，从 x = 50cm 开始，雾雨强度自最大值减小至趋近于 0 的状态，沿纵向递减，曲线的变化曲率逐渐减小。例如图 3.8(e)中 y = 0cm 所在的纵断面上：当 x = 50cm(x/L_0 = 0.38)时，I = 2039mm/h；x = 100cm(x/L_0 = 0.76)时，I = 517mm/h(I/I_{max} =

0.254)；$x = 200\text{cm}\,(x/L_0 = 1.53)$时，$I = 70\text{mm/h}\,(I/I_{\max} = 0.034)$；$x = 260\text{cm}\,(x/L_0 = 1.98)$时，$I = 24\text{mm/h}\,(I/I_{\max} = 0.012)$，注意该$I_{\max}$为同一纵轴线上雾雨强度的最大值。研究表明，后续液冠破碎过程中，液冠外侧破碎物通常质量小而速度大，而越靠近液冠根部，其破碎物速度越小，导致其传递的范围减小，因此在纵向上雾雨强度由内向外逐渐减小。

(2)雾雨强度在纵向上的分布类似伽马分布，在 x=50cm 附近，雾雨强度曲线变化梯度最大，沿纵向逐渐减小。这主要是因为溅抛水体的形状、大小在空中是不断变化的，体积较大的水块、水丝由液冠根部破碎形成，其速度较小，因此抛射距离较短，集中于水舌入水位置较近区域，使得靠近入水处的雾雨强度变化梯度大；在下游区域主要为液冠末端破碎的水滴、水点，雾雨强度变化梯度较小。

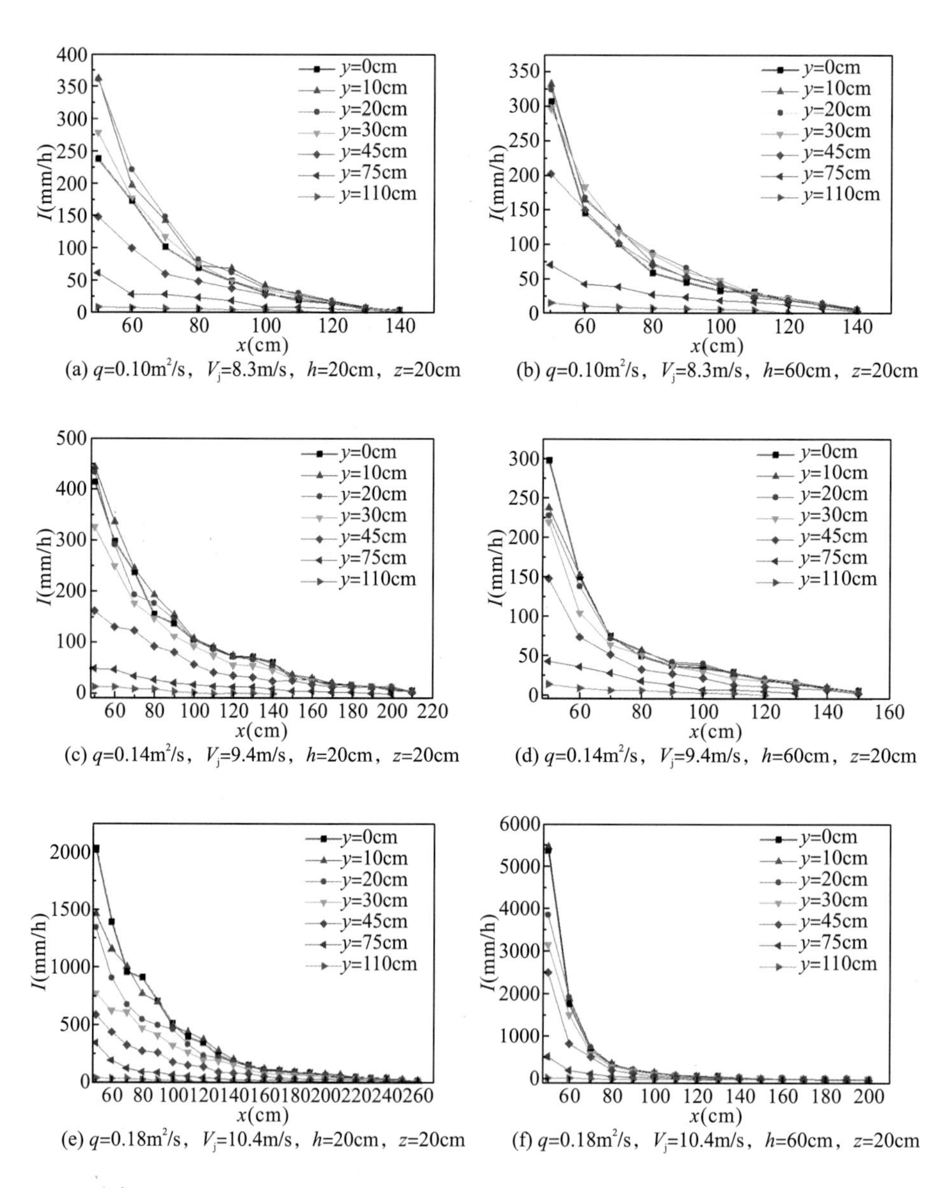

(a) q=0.10m²/s，V_j=8.3m/s，h=20cm，z=20cm

(b) q=0.10m²/s，V_j=8.3m/s，h=60cm，z=20cm

(c) q=0.14m²/s，V_j=9.4m/s，h=20cm，z=20cm

(d) q=0.14m²/s，V_j=9.4m/s，h=60cm，z=20cm

(e) q=0.18m²/s，V_j=10.4m/s，h=20cm，z=20cm

(f) q=0.18m²/s，V_j=10.4m/s，h=60cm，z=20cm

图 3.8 不同工况下纵断面雾雨强度分布图

前人[24,36]在水滴随机喷溅数学模型中，假定水滴直径、水滴初始抛射速度、水滴出射角满足伽马分布，钟晓凤[111]在圆管射流的情况下对此做了验证。段红东等[107]基于圆管射流实验结果说明雾雨强度在纵向上的分布类似于伽马分布，在他们的实验中雾雨强度 I 沿纵向先增大后减小。基于前人研究成果，结合本研究实验测量数据分析，本研究认为跌流水舌激溅雾雨强度在纵向上的变化规律同样类似于伽马分布，其变化趋势可拟合为

$$\frac{I}{I_{\max}}=a\left(\frac{x}{L_0}\right)^b\exp\left(-c\frac{x}{L_0}\right) \tag{3.1}$$

式中，I 为各点的雾雨强度(mm/h)；$I_{\max}$ 为同一条纵轴线上雾雨强度的最大值(mm/h)，由于本实验雾雨强度自 x=50cm 向下游测量，沿纵向呈递减趋势，因此 $I_{\max}$ 为 x=50cm 测点处的雾雨强度值；L_0 为跌坝至水舌碰撞中心点的纵向距离(m)，采用式(2.4)的轨迹线计算；a、b、c 为待定常系数。

图 3.9 为不同工况下纵断面雾雨强度实验值和拟合值的对比。从图 3.9 中可以看出：①各工况下纵向雾雨强度实验值位于拟合曲线附近，相关系数 R^2 都大于 0.98，纵向雾雨强度变化规律符合式(3.1)的型式；②由于水舌入水条件及测量位置不同，故在各条件下常系数 a、b、c 也不同。

在水舌入水附近的雾化区，激溅水体由液冠破碎中部和底部体积较大的水丝、水块组成。水丝、水块由于受重力影响较大，且受表面张力影响，大体积液滴容易发生二次破碎，并抛射到较近的位置，使得水舌入水附近的雾雨强度大大增加。在该区域外，雨量主要是由液冠末端破碎和脱落的水滴和水点累积的，而水滴、水点的体积相比于水丝、水块较小，因此雾雨强度在纵向上的变化存在分界点，在靠近水舌入水处(分界点前)变化曲线较陡，在距离水舌入水处较远的区域(分界点后)变化曲线较缓。参照刘宣烈等[12]对激溅范围的分区，将分界点前的区域称为溅水严重区，分界点后的区域称为溅水稀疏区。综合各工况实验数据来看，溅水严重区与溅水稀疏区的分界点表征值大致在 $0.8\leqslant x/L_0\leqslant 1.0$，个别情况下小于 0.8。并且该分界点随着单宽流量、入水速度(水头差)、水垫深度的增大有减小的趋势。这是因为单宽流量、水舌入水速度越大，水舌碰撞动能越大，激溅雨量越多，水垫深度越大，激溅水体的水丝、水块数量比例增大，而水舌入水附近的雾雨强度沿纵向衰减较快，所以使得溅水严重区与溅水稀疏区的分界点有所减小。

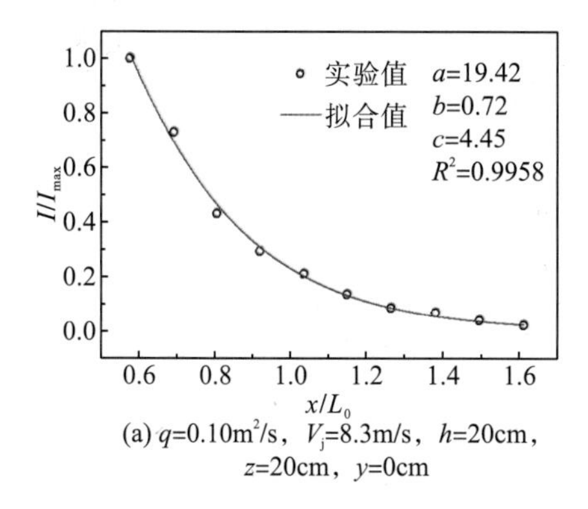

(a) q=0.10m²/s，V_j=8.3m/s，h=20cm，z=20cm，y=0cm

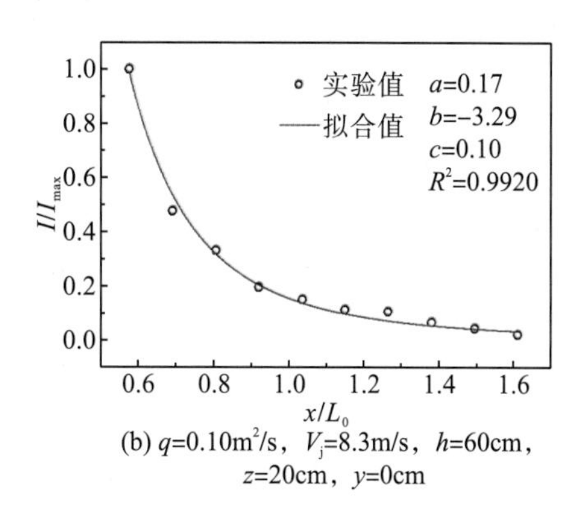

(b) q=0.10m²/s，V_j=8.3m/s，h=60cm，z=20cm，y=0cm

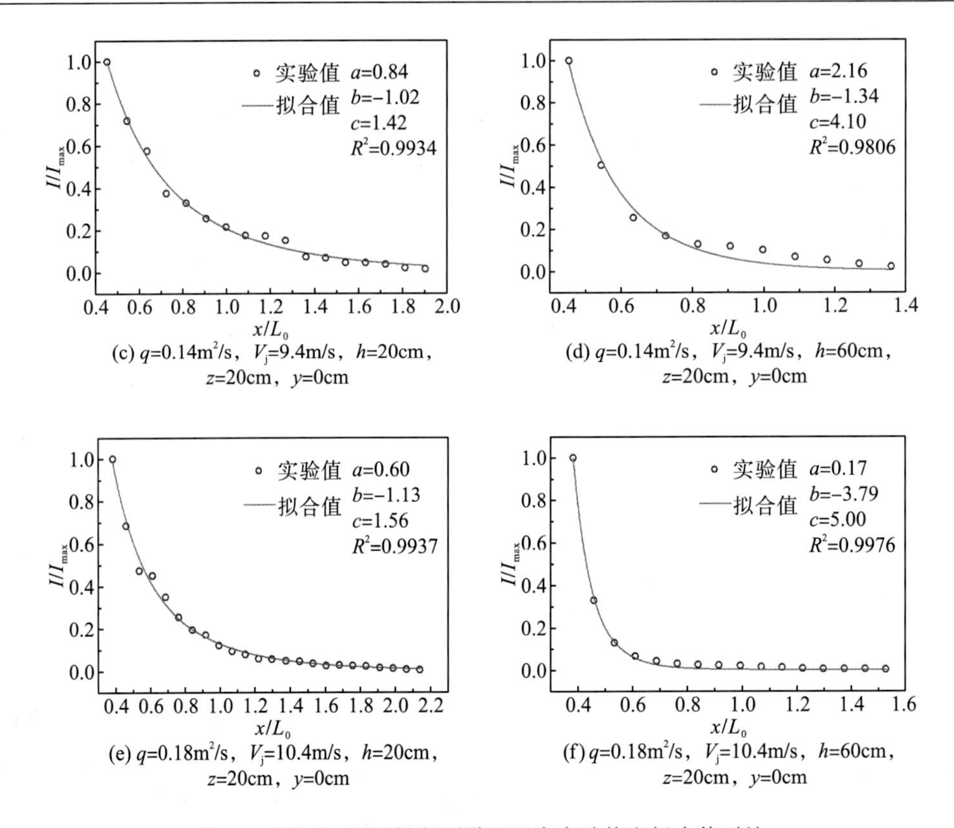

(c) q=0.14m²/s，V_j=9.4m/s，h=20cm，z=20cm，y=0cm

(d) q=0.14m²/s，V_j=9.4m/s，h=60cm，z=20cm，y=0cm

(e) q=0.18m²/s，V_j=10.4m/s，h=20cm，z=20cm，y=0cm

(f) q=0.18m²/s，V_j=10.4m/s，h=60cm，z=20cm，y=0cm

图 3.9　不同工况下纵断面雾雨强度实验值和拟合值对比

图 3.10 为不同工况下纵断面雾雨强度在横向上的对比，其中$(b_0/2)$为跌流水舌入水宽度的一半，由于本实验是在二元流条件下进行的，即取上游水槽宽度的一半。本实验测量中，$y/(b_0/2)$的范围为 0～3.15，$y/(b_0/2)$越大表示距离水舌中轴线越远，测量得到的雾雨强度越小，实验误差越大，因此未对$y/(b_0/2)>1.82$的实验数据作对比。从图 3.10 可以看出，在偏离水舌中轴线的纵断面上的雾雨强度分布同样符合式(3.1)型式，图中红色实线为 7 个不同横向位置的纵断面实验数据拟合曲线，其 R^2 都大于 0.94，表明在相同工况、相同垂向高度下，不同横向位置下的纵向雾雨强度分布相关性较强。7 个横向位置中，5 个位于水舌碰撞宽度内或其边缘，2 个在横向位置上距离水舌稍远，表明激溅水体在纵向上的运动为主要运动，大部分激溅水体在横向上的偏转角度不大。

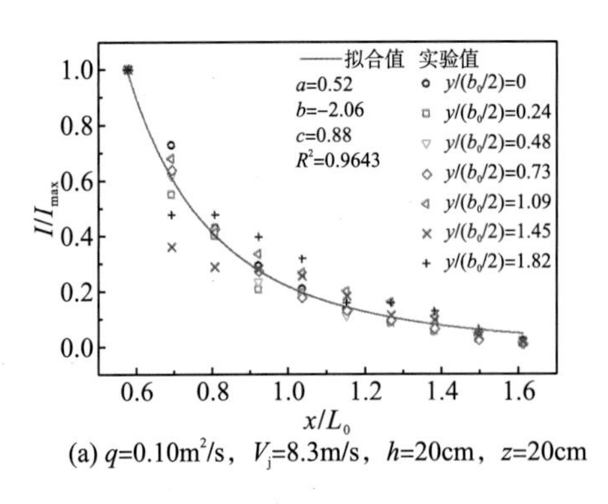

(a) q=0.10m²/s，V_j=8.3m/s，h=20cm，z=20cm

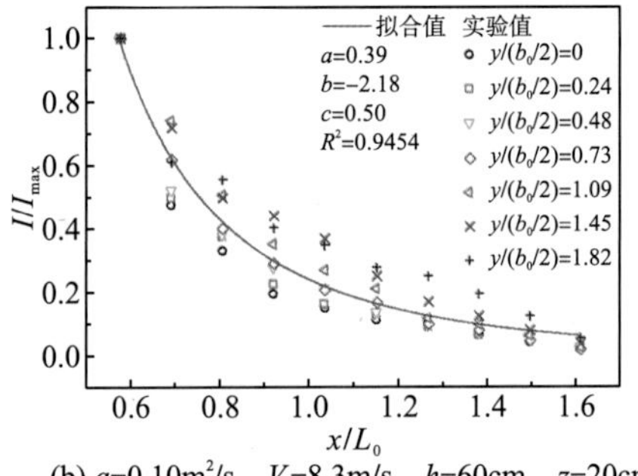

(b) q=0.10m²/s，V_j=8.3m/s，h=60cm，z=20cm

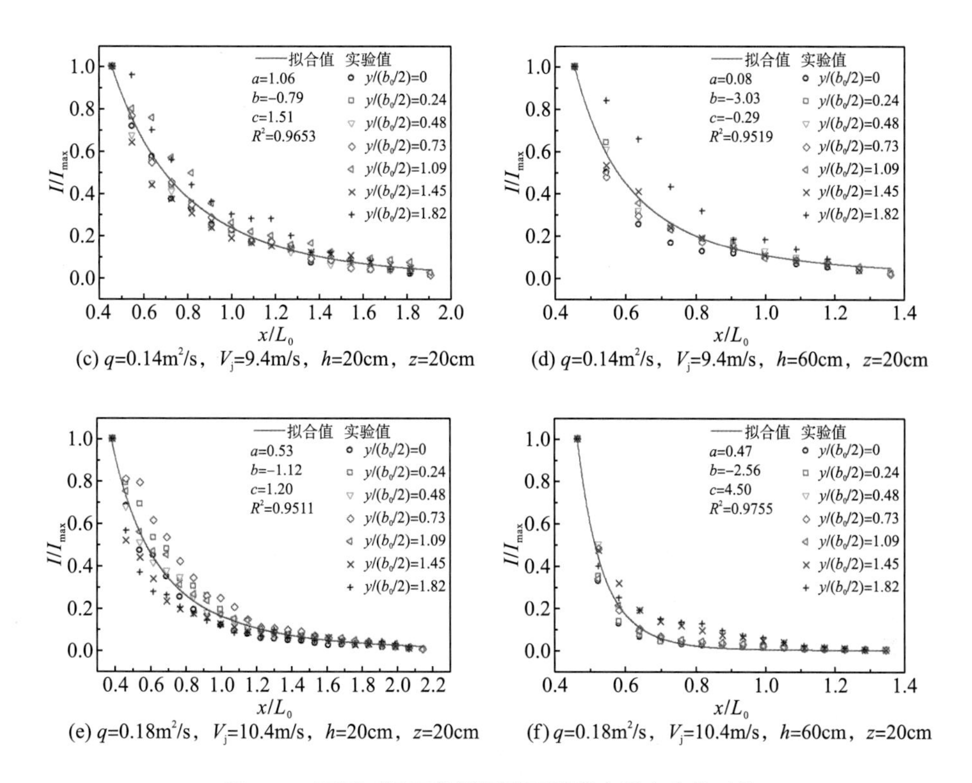

(c) q=0.14m^2/s，V_j=9.4m/s，h=20cm，z=20cm

(d) q=0.14m^2/s，V_j=9.4m/s，h=60cm，z=20cm

(e) q=0.18m^2/s，V_j=10.4m/s，h=20cm，z=20cm

(f) q=0.18m^2/s，V_j=10.4m/s，h=60cm，z=20cm

图 3.10　不同工况下纵断面雾雨强度在横向上的对比

图 3.11 为不同工况下纵断面雾雨强度在垂向上的对比。从图 3.11 可以看出，在各垂向高度上的纵断面上的雾雨强度分布同样符合式(3.1)，图中红色实线为 5 个不同垂向高度下的纵断面实验数据拟合曲线，其 R^2 都大于 0.89。从各垂向高度下雾雨强度沿纵向的变化趋势来看，距离下游水面较近的纵轴线上，雾雨强度变化曲线在溅水严重区较陡。各曲线的整体变化趋势一致，说明了水舌入水激溅的机理相同，激溅雾雨区的分布特性均由激溅水体的出射角、初始抛射速度、激溅水体数目和大小所决定，只是在较低垂向高度下，激溅水体的数量较多，在较高垂向高度下，激溅水体能抛射到该高度下的数量较少。

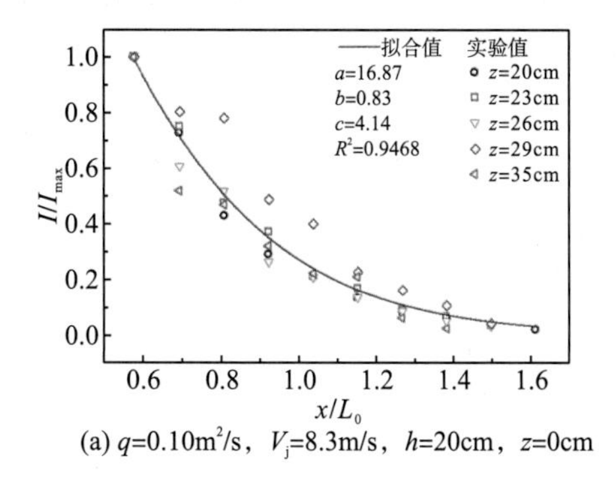

(a) q=0.10m^2/s，V_j=8.3m/s，h=20cm，z=0cm

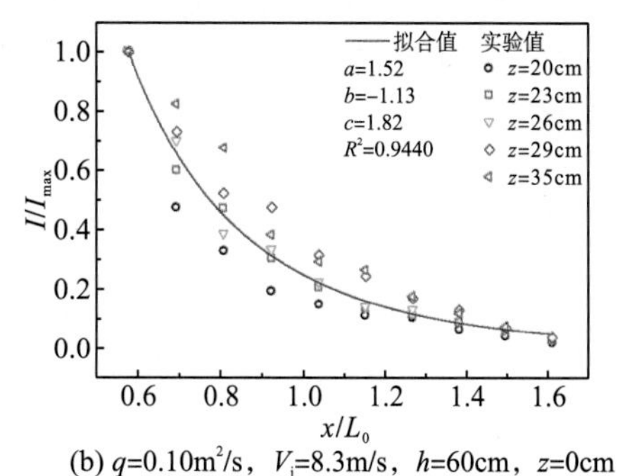

(b) q=0.10m^2/s，V_j=8.3m/s，h=60cm，z=0cm

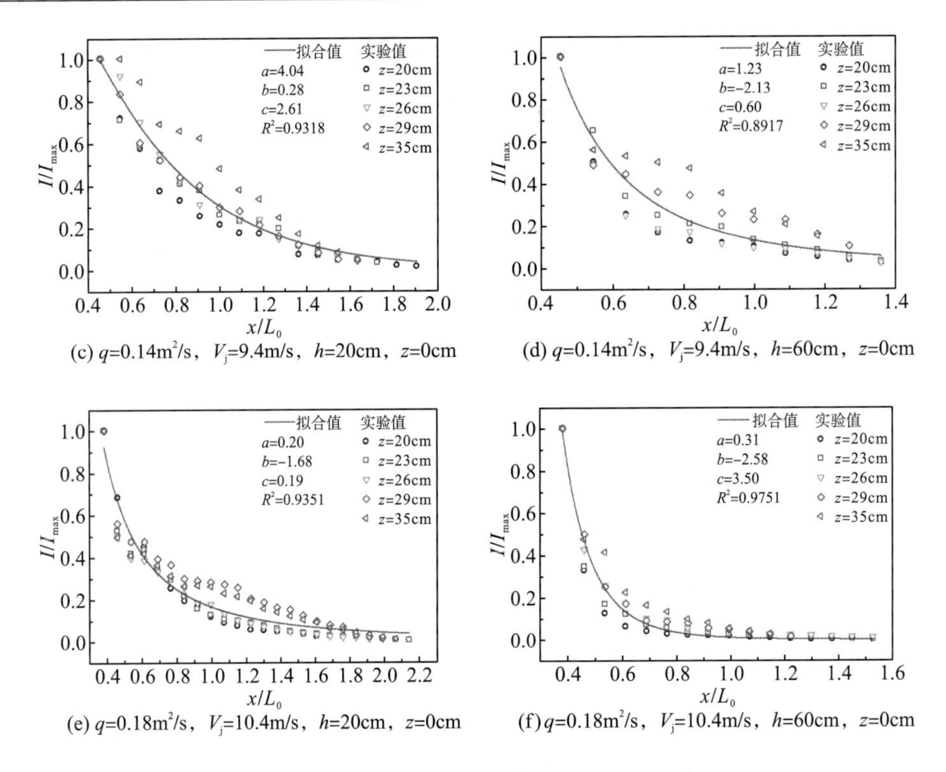

(c) q=0.14m²/s，V_j=9.4m/s，h=20cm，z=0cm

(d) q=0.14m²/s，V_j=9.4m/s，h=60cm，z=0cm

(e) q=0.18m²/s，V_j=10.4m/s，h=20cm，z=0cm

(f) q=0.18m²/s，V_j=10.4m/s，h=60cm，z=0cm

图 3.11 不同工况下纵断面雾雨强度在垂向上的对比

3.2.3 入水激溅区雾雨强度横向分布特征

图 3.12 为不同工况下横断面雾雨强度分布图，从图中可知。

(1) 在水舌入水横向宽度范围内雾雨强度值较大，在水舌入水的侧面区域，雾雨强度减小，在水槽边壁，雾雨强度减小到接近于 0 的状态。

(2) 雾雨强度最大值在横向上的位置不同，但都靠近水舌中轴线，集中在 y=0～30cm 范围内(水舌入水半宽约 42cm)。分析雾雨强度最大值的位置不总是在 y=0 处的原因是：水舌激溅与水舌碰撞条件有关，水舌碰撞前，水舌厚度沿中轴线向两侧逐渐减小，两侧边壁破碎，水舌连续性较差。在水舌中部，水舌含水浓度大、连续性较好，水体更容易成为一个整体进入下游水垫塘，因此激溅水量可能不是最大的；在水舌边壁掺气浓度大、含水浓度小，碰撞动能也较小，因此激溅水量不会太大；在水舌中轴线至边壁的某个区域，在一定水舌入水条件下更容易使得水体被激溅起来。

(3) 雾雨强度在横向半宽范围内大多呈先增大后减小的趋势，如图 3.12(f) 中 x=60cm 断面上，当 y=0cm[$y/(b_0/2)$=0]时，I=1781mm/h(I/I_{max}=0.918)；y=20cm[$y/(b_0/2)$=0.48]时，I=1940mm/h(I/I_{max}=1.000)；y=60cm[$y/(b_0/2)$=1.45]时，I=438mm/h(I/I_{max}=0.226)；y=130cm [$y/(b_0/2)$=3.15]时，I=16mm/h(I/I_{max}=0.008)。同时，在一些条件下雾雨强度沿横向呈递减的趋势，如图 3.12(e) 中 x=60cm 断面上，当 y=0cm [$y/(b_0/2)$=0]时，I=1393mm/h(I/I_{max}=1.000)；y=20cm [$y/(b_0/2)$=0.48]时，I=915mm/h(I/I_{max}=0.657)；y=60cm [$y/(b_0/2)$=1.45]时，I=288mm/h(I/I_{max}=0.207)；y=130cm [$y/(b_0/2)$=3.15]时，I=18mm/h(I/I_{max}=0.013)。

(4)因横向上雾雨强度是基本对称的，故横向雾雨强度为双峰分布或单峰对称分布。王思莹等[19]曾对挑流水舌激溅雾雨强度分布进行测量，在他们的实验中水舌碰撞位置上游横断面雨强呈双峰分布，下游横断面雨强呈单峰对称分布，而在本实验测量范围内，下游横断面雨强也会出现双峰分布的情况。

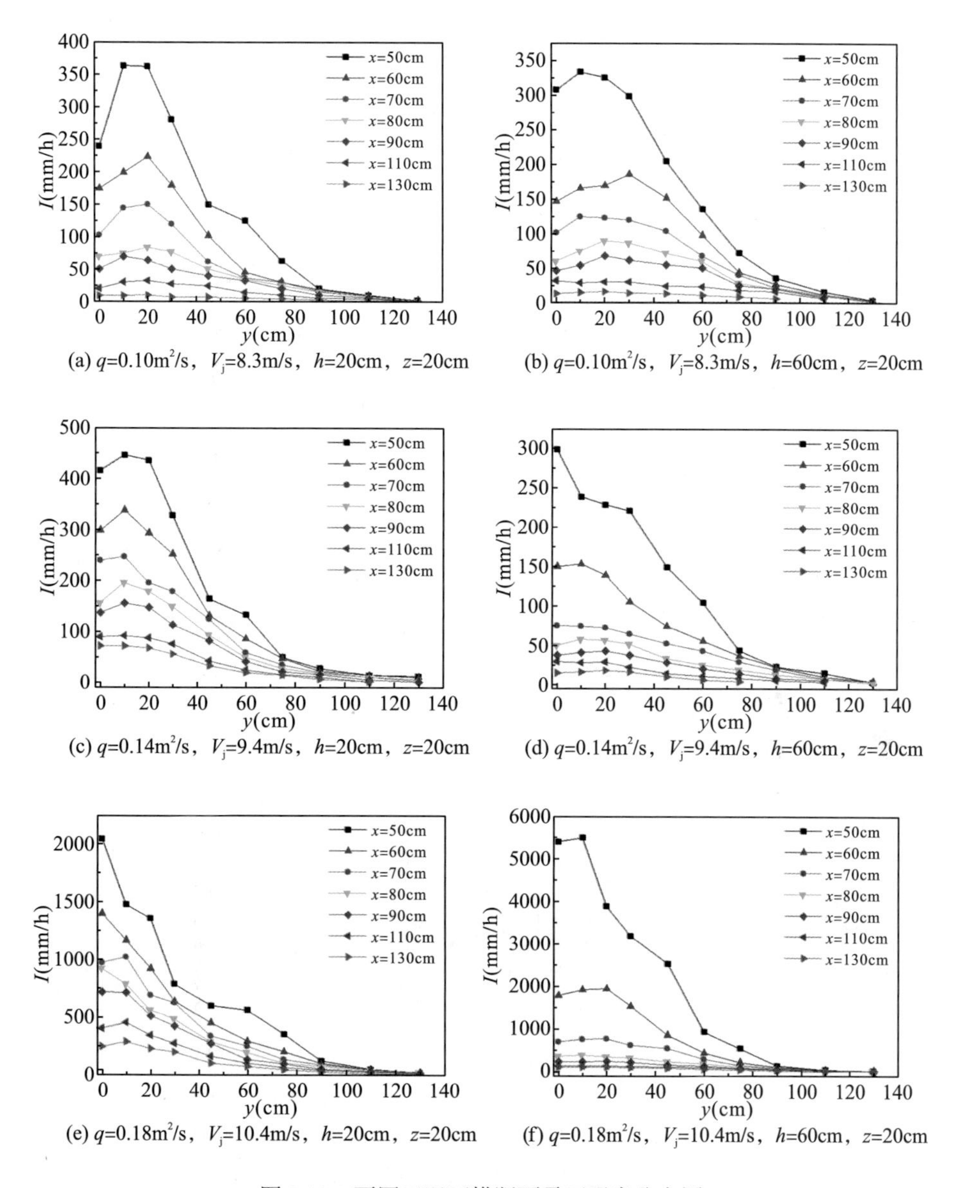

(a) q=0.10m²/s，V_j=8.3m/s，h=20cm，z=20cm　(b) q=0.10m²/s，V_j=8.3m/s，h=60cm，z=20cm

(c) q=0.14m²/s，V_j=9.4m/s，h=20cm，z=20cm　(d) q=0.14m²/s，V_j=9.4m/s，h=60cm，z=20cm

(e) q=0.18m²/s，V_j=10.4m/s，h=20cm，z=20cm　(f) q=0.18m²/s，V_j=10.4m/s，h=60cm，z=20cm

图 3.12　不同工况下横断面雾雨强度分布图

由于水舌在横向上基本对称，因此实验仅测量了水舌右侧一半的数据，对于横向上雾雨强度的公式拟合也只考虑横向半宽范围内的数据。从图 3.12 分析可知雾雨强度最大值位于水舌中轴线上或者其附近，横向半宽上雾雨强度分布符合高斯分布，对整个横断面上雾雨强度的分布则为双峰分布或单峰对称分布。对横向半宽雾雨强度测量数据进行分析，雾雨强度在横向上的分布符合式(3.2)：

$$\frac{I}{I_{\max}}=\exp\left[-k_1\left(\frac{y}{b_0/2}-k_2\right)^2\right] \tag{3.2}$$

式中，I 为各点的雾雨强度(mm/h)；$I_{\max}$ 为同一横断面上雾雨强度的最大值(mm/h)；$b_0/2$ 为水舌初始宽度的一半(m)；k_1、k_2 为待定常系数，k_1 反映拟合曲线的形状的“高、矮、胖、瘦”，k_1 越大，代表该曲线越“高、瘦”，即变化趋势越陡峭，k_1 越小，代表该曲线越“矮、胖”，即变化趋势越平缓(扁平)；k_2 反映雾雨强度峰值在横向上相对于水舌中轴线的位移，当在整个横断面上雾雨强度为单峰分布时，$k_2=0$，雾雨强度峰值位于水舌中轴线上，当在整个横断面上雾雨强度为双峰分布时，$k_2>0$，雾雨强度峰值不位于水舌中轴线上。

图 3.13 为不同工况下横断面雾雨强度实验值和拟合值的对比。从图 3.13 中可以看出：①各工况下横向雾雨强度实验值位于拟合曲线附近，相关系数 R^2 都大于 0.93，横向半宽上雾雨强度变化规律符合式(3.2)；②由于水舌入水条件及测量位置不同，故在各条件下常系数 k_1、k_2 也不同，在图 3.13(e)中，$k_2=0$，雾雨强度峰值位于水舌中轴线上，雾雨强度在整个横向宽度上的分布为单峰对称分布，在图 3.13(a)、(b)、(c)、(d)、(f)中，$k_2>0$，雾雨强度峰值偏离水舌中轴线，雾雨强度在整个横向宽度上的分布为双峰分布。

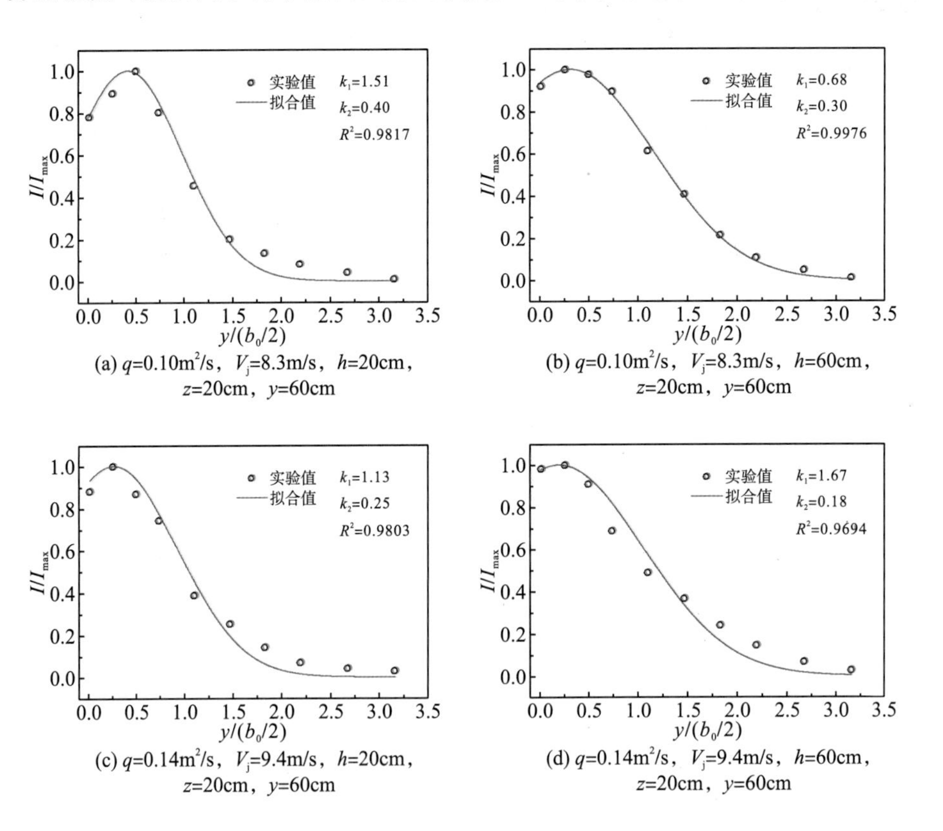

(a) q=0.10m²/s，V_j=8.3m/s，h=20cm，z=20cm，y=60cm

(b) q=0.10m²/s，V_j=8.3m/s，h=60cm，z=20cm，y=60cm

(c) q=0.14m²/s，V_j=9.4m/s，h=20cm，z=20cm，y=60cm

(d) q=0.14m²/s，V_j=9.4m/s，h=60cm，z=20cm，y=60cm

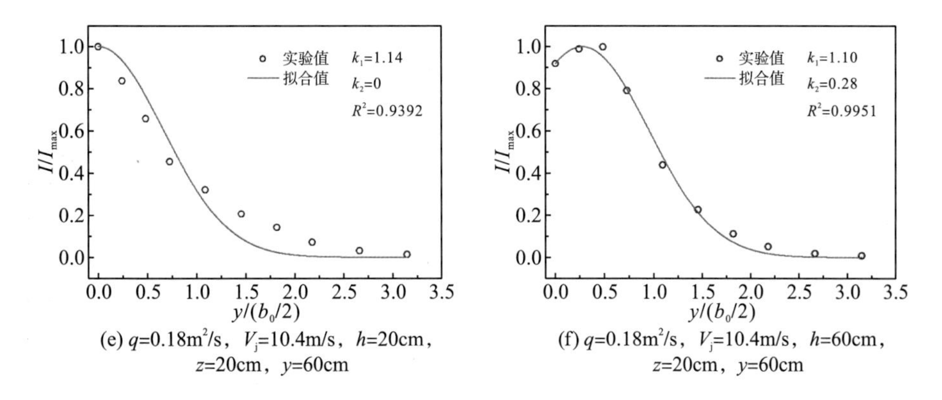

(e) q=0.18m²/s，V_j=10.4m/s，h=20cm，z=20cm，y=60cm

(f) q=0.18m²/s，V_j=10.4m/s，h=60cm，z=20cm，y=60cm

图 3.13　不同工况下横断面雾雨强度实验值和拟合值对比

同样将雾雨强度在横向上划分为溅水严重区和溅水稀疏区，根据各工况下靠近水舌入水附近区域雾雨强度在横向上的分布，选取 $y/(b_0/2)$=1.5 为分界点，当 $y/(b_0/2)\leqslant 1.5$ 时，为溅水严重区；当 $y/(b_0/2)>1.5$ 时，为溅水稀疏区。

图 3.14 为不同工况下横断面雾雨强度在纵向上的对比，所选取的数据为上游第 1～6 排测量的数据，对应 $0.47\leqslant x/L_0\leqslant 1.15$。从图 3.14 可以看出，各纵向位置上的横向雾雨强度变化规律符合式(3.2)的型式，图中红色实线为 6 个不同纵向位置的横断面实验数据拟合曲线，其 R^2 都大于 0.91，表明在相同工况、相同高度下，距离较近的不同纵向位置下的横向雾雨强度分布相关性强。激溅水体随机特性只是改变雾雨强度值和扩散范围大小，并不改变雾雨分布形式。

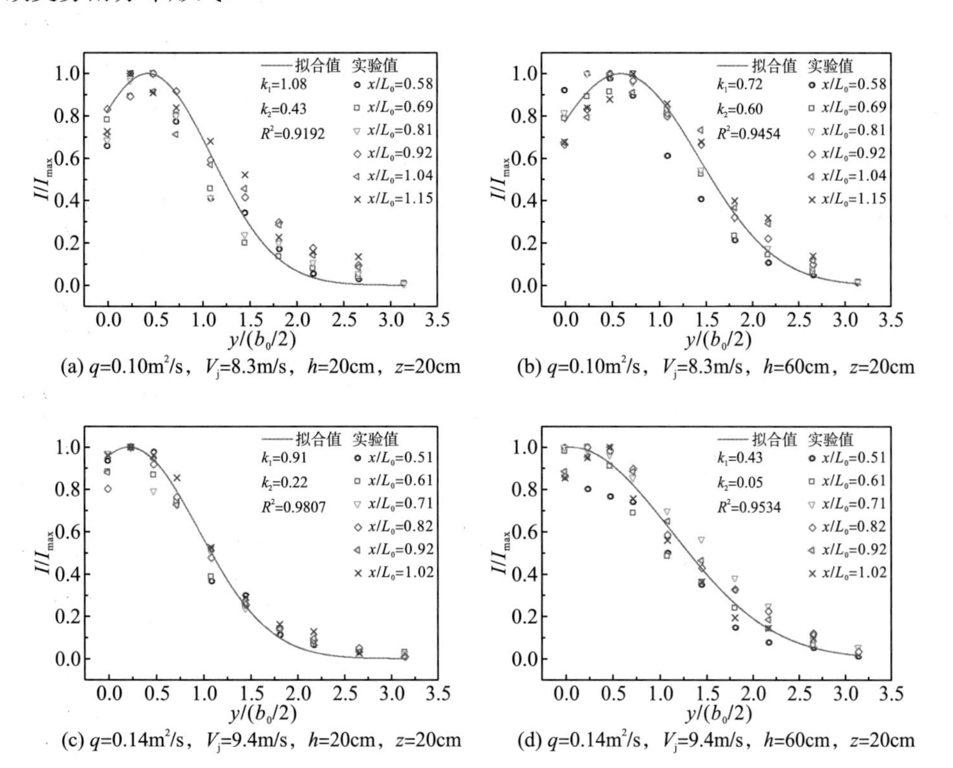

(a) q=0.10m²/s，V_j=8.3m/s，h=20cm，z=20cm

(b) q=0.10m²/s，V_j=8.3m/s，h=60cm，z=20cm

(c) q=0.14m²/s，V_j=9.4m/s，h=20cm，z=20cm

(d) q=0.14m²/s，V_j=9.4m/s，h=60cm，z=20cm

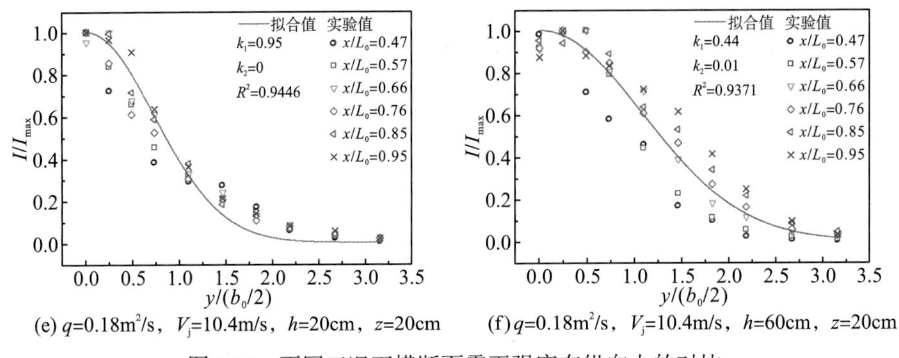

(e) q=0.18m²/s，V_j=10.4m/s，h=20cm，z=20cm (f) q=0.18m²/s，V_j=10.4m/s，h=60cm，z=20cm

图 3.14 不同工况下横断面雾雨强度在纵向上的对比

图 3.15 为不同工况下横断面雾雨强度在垂向上的对比。图 3.15 中红色实线为 5 个不同垂向高度下的纵断面实验数据拟合曲线，从图中可以看出，除个别实验数据偏离

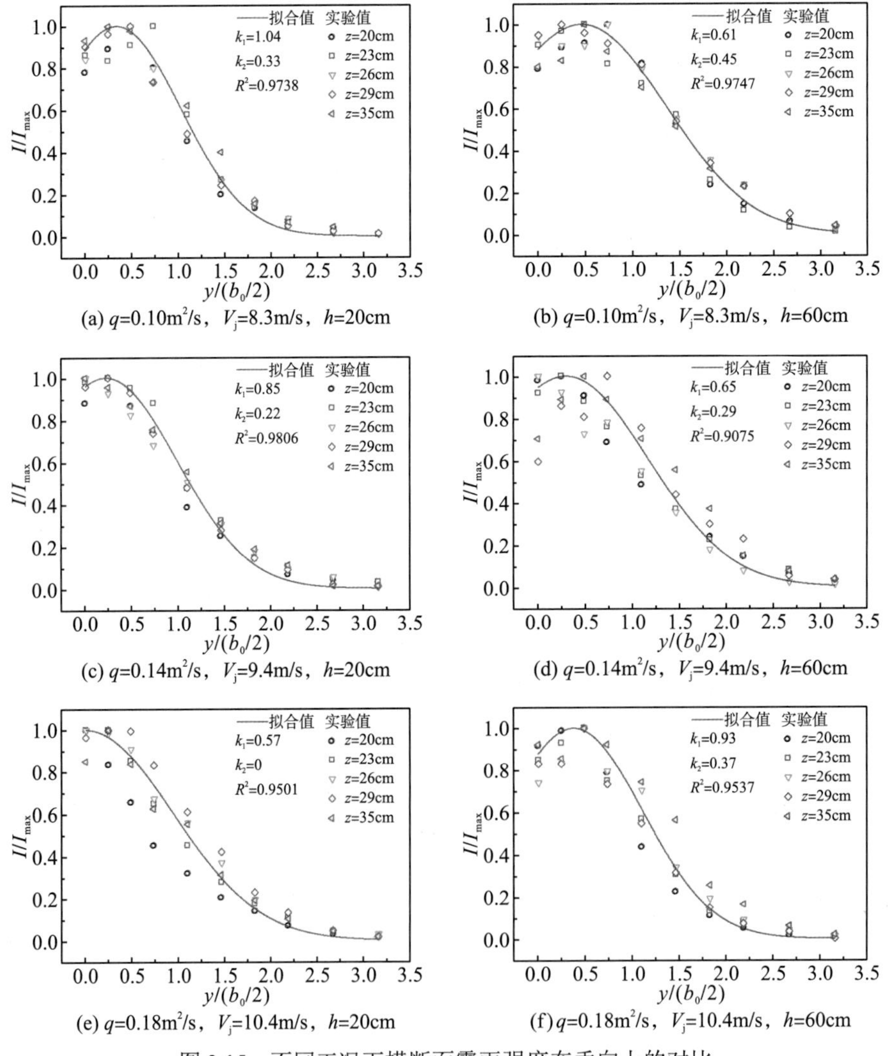

(a) q=0.10m²/s，V_j=8.3m/s，h=20cm (b) q=0.10m²/s，V_j=8.3m/s，h=60cm

(c) q=0.14m²/s，V_j=9.4m/s，h=20cm (d) q=0.14m²/s，V_j=9.4m/s，h=60cm

(e) q=0.18m²/s，V_j=10.4m/s，h=20cm (f) q=0.18m²/s，V_j=10.4m/s，h=60cm

图 3.15 不同工况下横断面雾雨强度在垂向上的对比

曲线较远外，实验值均位于拟合曲线附近，在各垂向高度上的横断面上的雾雨强度分布符合式(3.2)的型式，其 R^2 都大于 0.90，进而说明垂向高度变化不会影响雾雨强度在横向上的分布形式。

3.2.4　入水激溅区雾雨强度垂向分布特征

图 3.16 为不同工况下纵向中轴线上(y=0cm)不同高度 z 下的雾雨强度分布。图 3.17 为不同工况下，x=50cm 的横断面上不同高度 z 下的雾雨强度分布。从图 3.16 和图 3.17 可以看出：①不同高度下的雾雨强度纵向(横向)分布曲线变化趋势几乎相同，只是雾雨强度值和分布曲线的变化曲率不同，表明不同高度平面上的雾雨强度分布规律基本相同，激溅水体初始的运动特性、大小、数量只是改变雾雨强度值大小和扩散范围；②随着垂向高度的增加，雾雨强度值整体呈现出减小的趋势，但其间也存在个别测点在不同高度下的雾雨强度值有交叉的现象。雾雨强度沿垂向呈减小趋势是因为：液冠中部和底部破碎的体积较大的水丝和水块本身在垂向位置上高度不大，且抛射速度较小，又受重力影响较大，因此抛射到距离碰撞水面较近的位置。而液冠末端破碎体积较小的水滴、水点本身垂向高度就较大，并且抛射速度大，使得抛射高度较大。

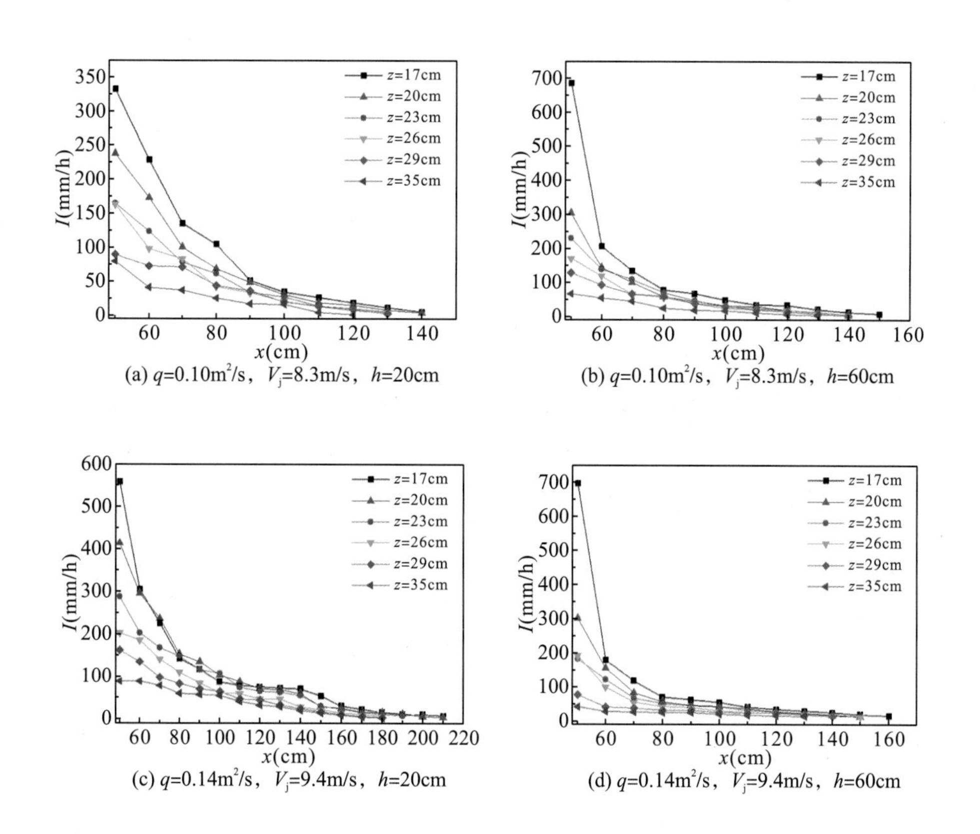

(a) q=0.10m²/s，V_j=8.3m/s，h=20cm　(b) q=0.10m²/s，V_j=8.3m/s，h=60cm

(c) q=0.14m²/s，V_j=9.4m/s，h=20cm　(d) q=0.14m²/s，V_j=9.4m/s，h=60cm

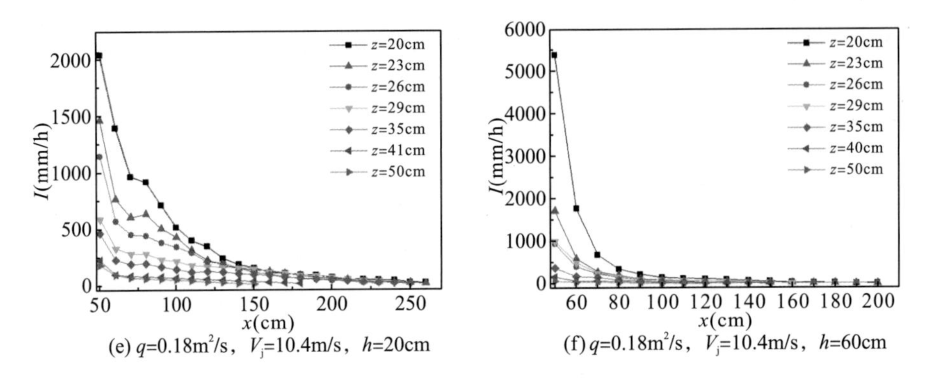

(e) q=0.18m²/s，V_j=10.4m/s，h=20cm (f) q=0.18m²/s，V_j=10.4m/s，h=60cm

图 3.16 不同工况下垂向上雾雨强度分布图(y=0cm)

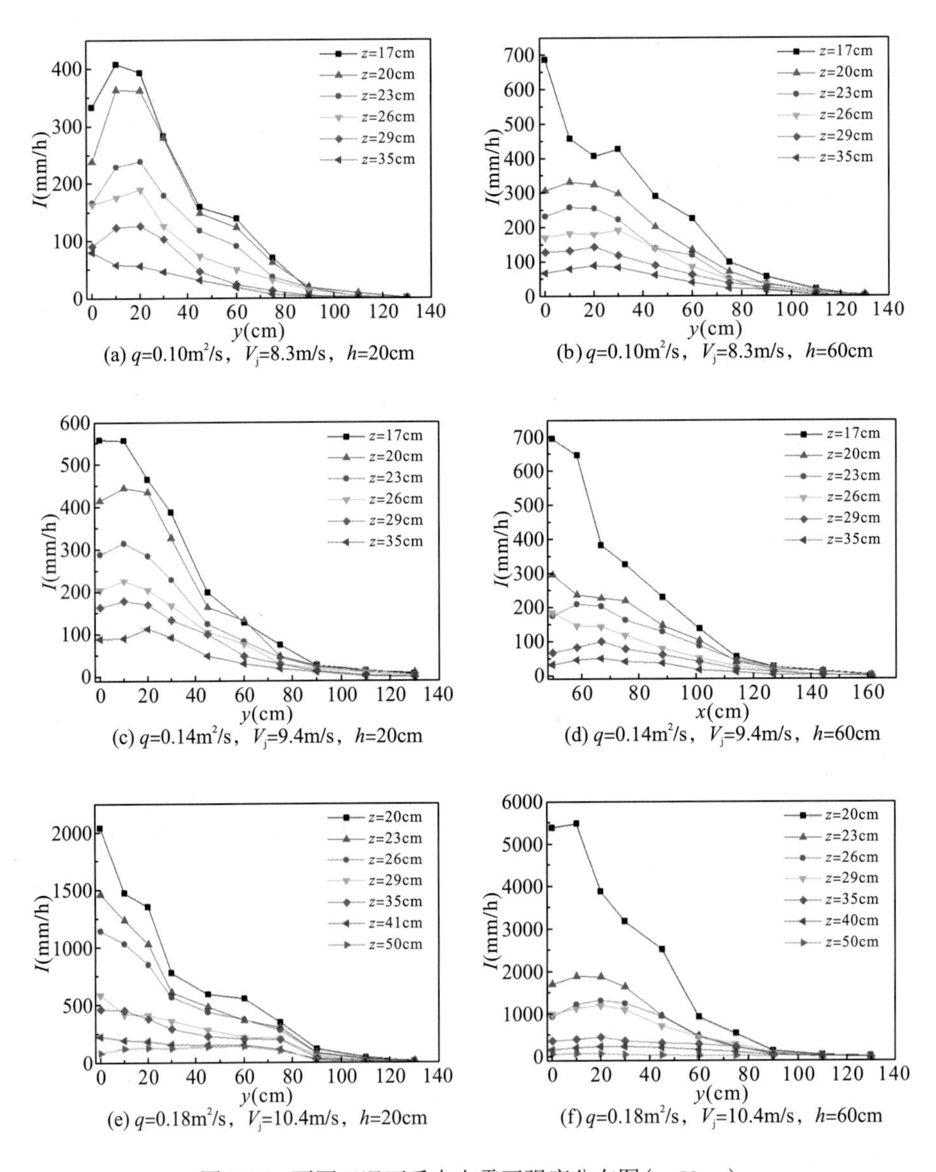

(a) q=0.10m²/s，V_j=8.3m/s，h=20cm (b) q=0.10m²/s，V_j=8.3m/s，h=60cm

(c) q=0.14m²/s，V_j=9.4m/s，h=20cm (d) q=0.14m²/s，V_j=9.4m/s，h=60cm

(e) q=0.18m²/s，V_j=10.4m/s，h=20cm (f) q=0.18m²/s，V_j=10.4m/s，h=60cm

图 3.17 不同工况下垂向上雾雨强度分布图(x=50cm)

图 3.18 为不同工况下，距离水舌碰撞中心点较近的测点(50,0)、(50,10)、(50,20)、(60,0)、(60,10)、(60,20)在垂向上的雾雨强度分布图。从图 3.18 可得：①从整体上来看，随着高度的增加，相同平面位置上的雾雨强度减小。②在高度较小的位置，雾雨强度变化梯度较大；在高度较大的位置，雾雨强度梯度变化较小。这是因为液冠中部和底部破碎的水丝、水块体积较大，受向下的重力影响大，受向上的空气浮力影响小，因此抛射高度不会太高，激溅水丝、水块集中于水面附近，只有液冠末端破碎的体积较小的水滴和水点才能抛射到较高区域，最终使得雾雨强度在水面附近的变化梯度较大，在较高垂向高度下的变化梯度较小。③一些点的雾雨强度随着高度的增加呈现出局部增加的现象，如图 3.18(f)中，点(50，0)在 z=26cm 时，I=935mm/h；在 z=29cm 时，I=995mm/h，这种现象只存在本实验测量的两个不同高度之间，不涉及第三个高度。个别测点存在反增现象是因为某一空间测点的雾雨强度是激溅水滴初始抛射速度、出射角度、大小、数目随机作用的结果，在一定组合作用下，可能会产生此现象。

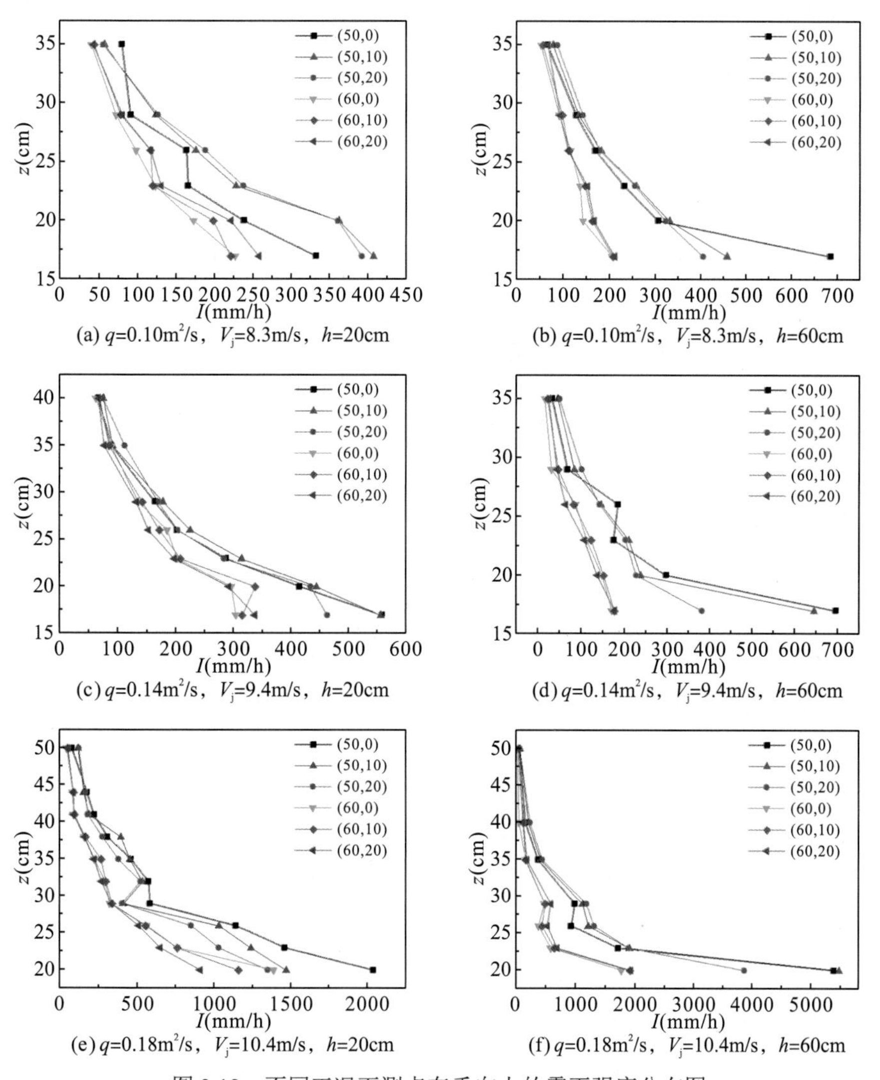

(a) q=0.10m^2/s，V_j=8.3m/s，h=20cm　(b) q=0.10m^2/s，V_j=8.3m/s，h=60cm

(c) q=0.14m^2/s，V_j=9.4m/s，h=20cm　(d) q=0.14m^2/s，V_j=9.4m/s，h=60cm

(e) q=0.18m^2/s，V_j=10.4m/s，h=20cm　(f) q=0.18m^2/s，V_j=10.4m/s，h=60cm

图 3.18　不同工况下测点在垂向上的雾雨强度分布图

由于激溅实验工作量大且不易操作，在前人对水舌激溅雾雨强度分布的研究中，未见对 x-y 平面同一位置在 z 方向的雾雨强度分布特性进行研究。本实验装置中的雨量收集面板可通过螺杆上下升降，可对 x-y 平面内同一位置在 z 方向的各测点进行雨量收集。实验结果表明，跌流水舌激溅雾雨强度在垂向上的变化规律同样类似于伽马分布，其变化趋势可拟合为

$$\frac{I}{I_{\max}}=a\left(\frac{z}{z_{\mathrm{e}}}\right)^{b}\exp\left(-c\frac{z}{z_{\mathrm{e}}}\right) \tag{3.3}$$

式中，I 为各测点的雾雨强度(mm/h)；$I_{\max}$ 为同一条垂线上各高度雾雨强度的最大值(mm/h)；z 为雨量测点与水舌碰撞中心点的垂向距离(m)；z_{e} 为水舌碰撞前在 z 方向的能量水头(m)，$z_{\mathrm{e}}=(V_{\mathrm{j}}\sin\theta)^2/(2g)$，$V_{\mathrm{j}}$、$\theta$ 分别为水舌入水速度(m/s)及入水角度(°)；a、b、c 为待定常系数。

图 3.19 为不同工况下，各 (x,y) 点在 z 向上的雾雨强度实验值和拟合值对比。从图 3.19 中可以看出：①各工况下各 (x, y) 在 z 向上的雾雨强度实验数据趋势类似伽马分布，符合式(3.3)。由于每个平面在垂向上测量 5～10 个高度，对于同一 (x, y)，其数据点只有 5～10 个，对于拟合公式来说测点较少，因此将距离水舌入水位置较近的 6 个 (x, y) 测量数值放在一起进行拟合；②在各入水条件各 (x, y) 下，常系数 a、b、c 不同，且差别较大。图 3.19(b)中，点(50，0)与其余 5 个测点差距较大，但单对于(50，0)这个测点在各 z 下的雾雨强度数据来说很好地符合了式(3.3)(R^2=0.9365)，变化趋势相同，只是待定常系数 a、b、c 与其余测点差距较大。

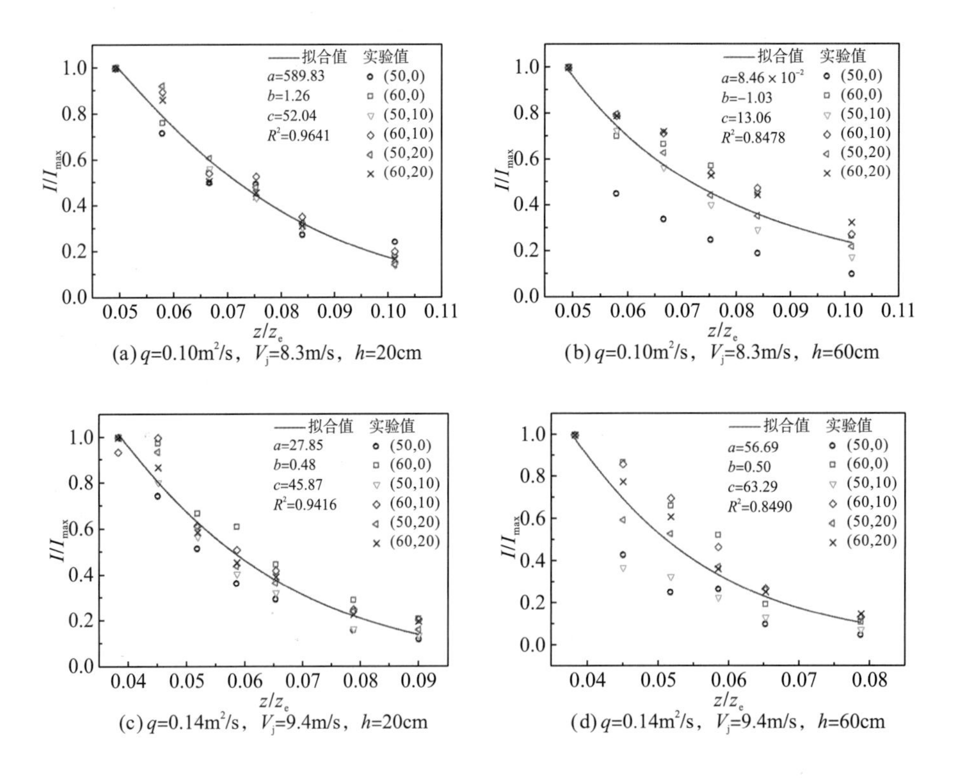

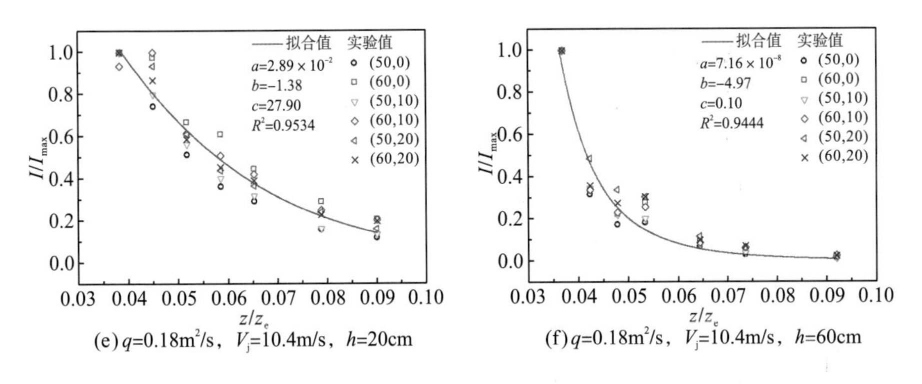

图 3.19　不同工况下各 (x, y) 点在 z 向上的雾雨强度实验值和拟合值对比

综上所述，跌流水舌入水激溅区雾雨强度分布的影响机理就是在冲击作用下的激溅特性。由于在各水力条件下，相应的物理过程没有发生变化，激溅水滴均是做反弹后的斜抛运动，不同水力条件下激溅水体初始抛射速度、出射角度、形态、数目和大小有所不同，从而引起激溅雾雨强度和扩散范围不同，但激溅水体的随机斜抛运动所形成的分布形状及在纵向、横向、垂向上的分布规律相同。从跌流水舌入水激溅区横向一半区域来看，雾雨强度分布形式在各水平面上均呈 1/4 椭圆分布，椭圆的中心点位于水舌碰撞中心点，通常情况下纵向长度大于横向宽度。在本实验测量范围内，纵向上的雾雨强度沿程减小，分布规律基本相同，均类似于伽马形式，只是各不同水力条件、不同位置下雨强值和分布曲线的变化曲率有所不同。横向上的雾雨强度最大值位于水舌中轴线附近，与中轴线的横向距离通常不超过 30cm；从横向一半区域来看，雾雨强度在横向的分布符合高斯分布，从整个横向宽度来看，不同水力条件下有所不同，雾雨强度分布为单峰分布或双峰分布。垂向上雾雨强度分布沿高度整体递减，在靠近水面的高度变化曲率大，远离水面的高度变化曲率小；雾雨强度值在垂向上的分布类似于伽马分布。

3.3　入水激溅区雾雨强度空间扩散范围

从 3.2 节分析可以看出，雾雨强度在不同空间点上的变化范围相差甚大。为了对雾雨强度的扩散范围进行描述，本节选取同一高度下的水平面内测量得到的 I_{max} 作为基准值(即每个工况在不同测量高度下的基准值均是根据实际测量数据选取，其基准值均不同)，统计不同高度平面内雾雨强度为 $50\%I_{max}$、$20\%I_{max}$、$10\%I_{max}$ 以及 10mm/h 的最大纵向长度和横向宽度，作为雾雨强度扩散范围的特征值。

3.3.1　入水激溅区雾雨纵向扩散范围

图 3.20 为不同工况下，雾雨纵向扩散长度特征值分布。从图 3.20 可知：①由于同一高度水平面内的雾雨强度呈 1/4 椭圆分布，因此在相同工况同一高度下，$L_{x50\%I_{max}}$ <

$L_{x20\%I_{\max}} < L_{x10\%I_{\max}}$ ，由于垂向高度较低时，雾雨强度值较大，10%$I_{\max}$远大于 10mm/h，因此 L_x(10mm/h)远大于$L_{x50\%I_{\max}}$、$L_{x20\%I_{\max}}$、$L_{x10\%I_{\max}}$。随着垂向高度的增大，雾雨强度减小，L_x(10mm/h)与按照$I_{\max}$百分比算的纵向长度差值逐渐缩小。②$L_{x20\%I_{\max}}$和$L_{x10\%I_{\max}}$随高度增加整体上呈现出先增大后减小的趋势，最大值出现的位置不相同，相同工况下$L_{x20\%I_{\max}}$和$L_{x10\%I_{\max}}$两曲线形状近似；L_x(10mm/h)随高度的增加基本呈减小的趋势。这是因为激溅水体在空中作斜抛运动，在下降段高度较高的位置距离水舌碰撞点较近，按绝对值计算的雾雨纵向扩散长度沿垂向呈递减趋势。以$I_{\max}$为基准计算雾雨纵向长度时，由于距离水面附近的雾雨强度$I_{\max}$较大，因此纵向$L_{x20\%I_{\max}}$和$L_{x10\%I_{\max}}$反而较小。③纵向长度在垂向上的变化范围$L_{x50\%I_{\max}} < L_{x20\%I_{\max}} < L_{x10\%I_{\max}} < L_x$(10mm/h)。

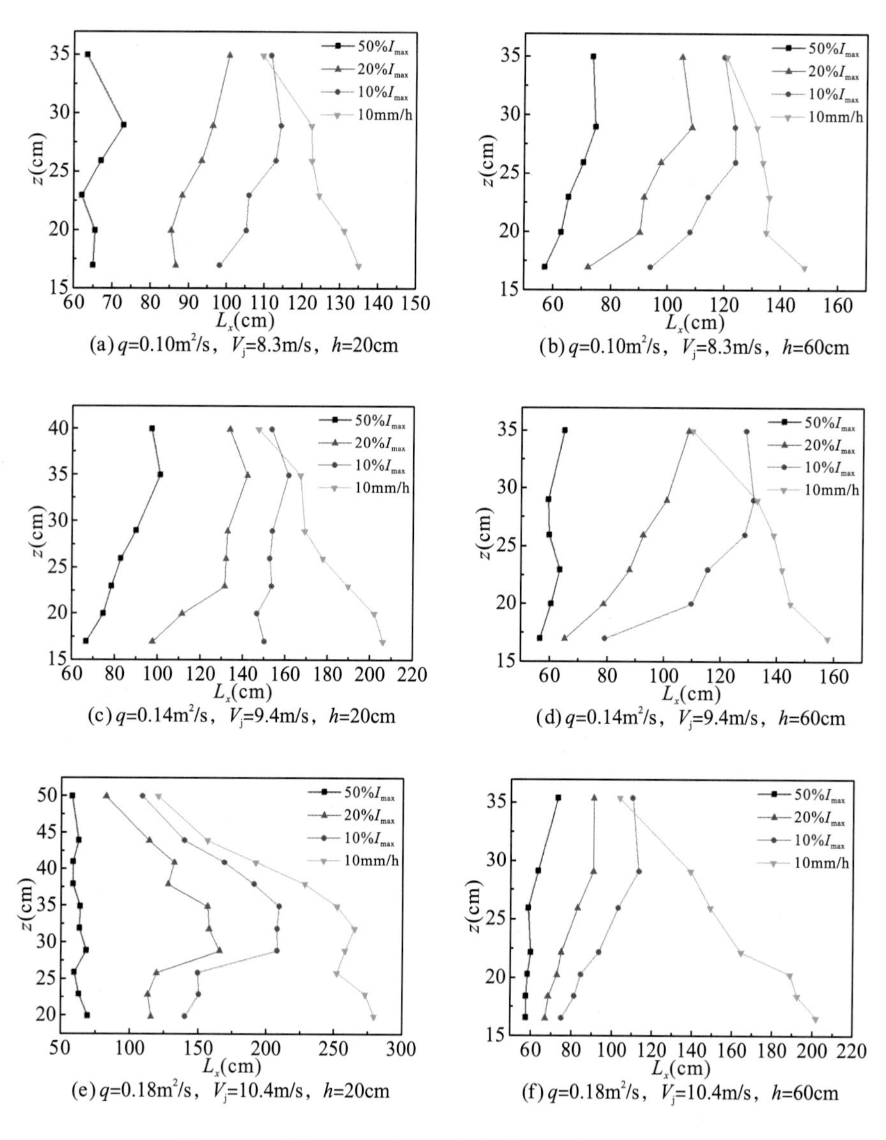

图 3.20 不同工况下雾雨纵向扩散长度特征值分布图

3.3.2　入水激溅区雾雨横向扩散范围

图 3.21 为不同工况下，雾雨横向扩散宽度特征值分布。由于在实验测量的较多工况下，水槽边壁(y=130cm)的雾雨强度最大值大于 10mm/h，即 L_y(10mm/h)超出了实验测量范围(图 3.7)，因此未对 L_y(10mm/h)进行统计。从图 3.21 及图 3.7 可以看出：①在相同工况同一高度下，$L_{y50\%I_{\max}} < L_{y20\%I_{\max}} < L_{y10\%I_{\max}}$。②$L_{y50\%I_{\max}}$、$L_{y20\%I_{\max}}$、$L_{y10\%I_{\max}}$特征宽度在高度方向上的变化范围不大，尽管从理论上讲，雾雨横向扩散宽度沿垂向上的绝对边界应减小，但是随着高度的增大，$I_{\max}$减小，对应的$I_{\max}$百分比也减小。图 3.21 中个别测点偏离，这是实验测量误差所致。③雾雨横向扩散宽度相对于纵向扩散长度的变化不明显。

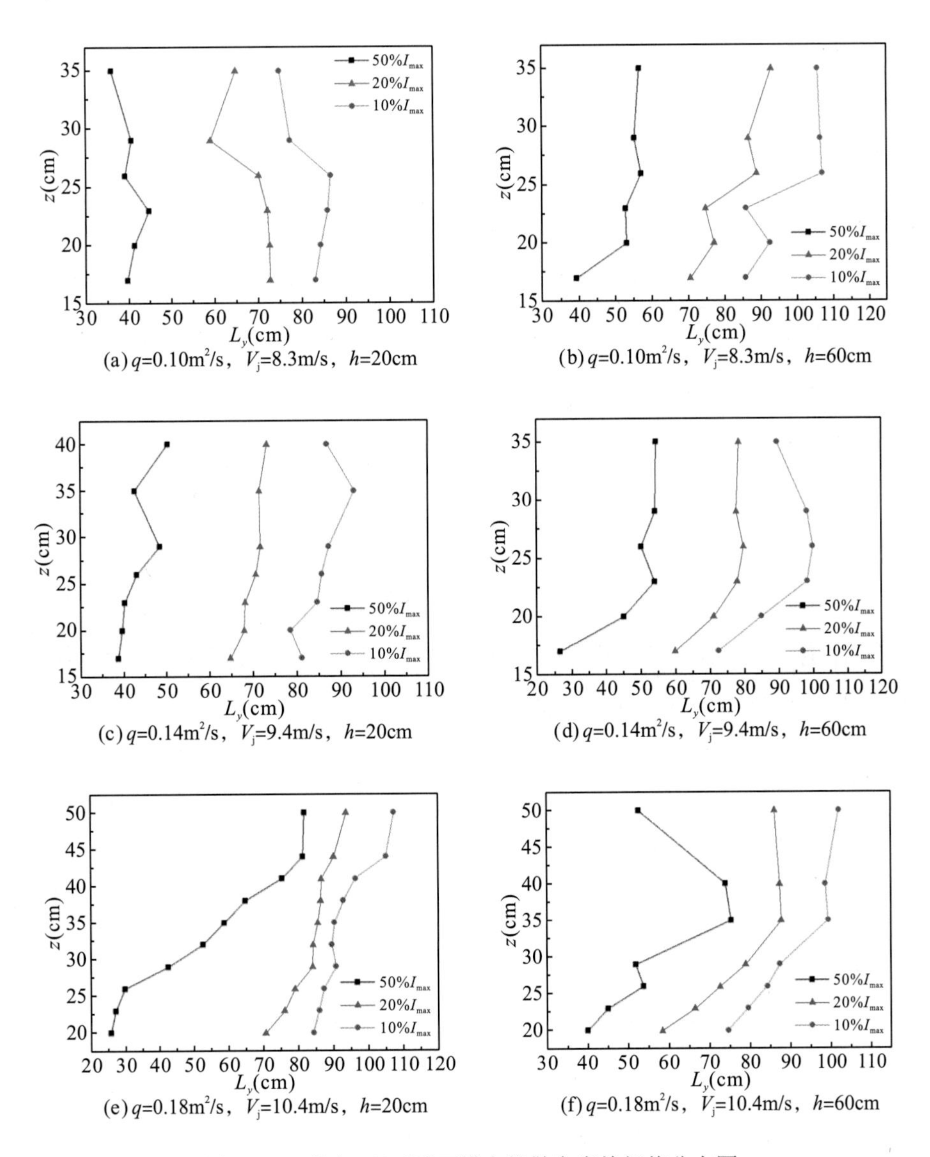

(a) q=0.10m²/s，V_j=8.3m/s，h=20cm　(b) q=0.10m²/s，V_j=8.3m/s，h=60cm

(c) q=0.14m²/s，V_j=9.4m/s，h=20cm　(d) q=0.14m²/s，V_j=9.4m/s，h=60cm

(e) q=0.18m²/s，V_j=10.4m/s，h=20cm　(f) q=0.18m²/s，V_j=10.4m/s，h=60cm

图 3.21　不同工况下雾雨横向扩散宽度特征值分布图

3.4 本章小结

本章首先对跌流水舌在空中的运动形态及碰撞后激溅水体的散裂特征进行了说明，基于实验数据对入水激溅区雾雨强度分布在纵向、横向及垂向的变化趋势进行分析，并拟合了雾雨强度在各方向上的计算式，主要结论如下。

(1)激溅水体的散裂形态主要有液冠中部和底部破碎的体积较大的水丝、水块，以及液冠末端破碎的体积较小的水滴、水点，激溅水体在空中做斜抛运动，其形状、大小是不断变化的。

(2)平面内雾雨强度分布云图在不同垂向高度下的宏观分布规律一致，测量范围内均呈 1/4 椭圆分布，中心点位于水舌碰撞点，通常情况下纵向长度大于横向宽度；在本实验测量范围内，雾雨强度最大值位于(50，0)附近，即水舌碰撞点附近；雾雨扩散面积随着垂向高度的增大而减小。

(3)雾雨强度在纵向上沿程递减，类似于伽马分布，分界点表征值大致在 $0.8\leqslant x/L_0\leqslant 1.0$，将分界点前的区域称为溅水严重区，分界点后的区域称为溅水稀疏区；在横向半宽上雾雨强度符合高斯分布，其峰值位于水舌中轴线或中轴线附近，因此从整个横向宽度来看，呈单峰或双峰对称分布，当 $y/(b_0/2)\leqslant 1.5$ 时，为溅水严重区；当 $y/(b_0/2)>1.5$ 时，为溅水稀疏区；在垂向上衰减速度较快，呈现类似于伽马分布。基于物理模型实验数据，给出了雾雨强度纵向、横向、垂向分布型式的计算公式。

(4)按照雾雨强度 $I_{\max}$ 百分比确定的纵向雾雨扩散范围 $L_{x10\%I_{\max}}$ 随垂向高度增大整体上呈先增大后减小的趋势，按照雾雨强度绝对值确定的 $L_{x(10\text{mm/h})}$ 随垂向高度的增加基本呈减小的趋势；在本实验测量范围内，雾雨横向扩散范围随高度的变化不大。

(5)尽管水力条件不同，跌流水舌入水激溅相应的物理过程没有发生变化，激溅水体均是做反弹后的斜抛运动。不同水力条件下激溅水体初始抛射速度、出射角度、形态、数目和大小有所不同，从而引起激溅雾雨强度和扩散范围不同，但激溅水体所形成的雾雨分布形状及在纵向、横向、垂向上的分布规律相同。

第 4 章　跌流水力条件对入水激溅区雾雨扩散影响规律

泄洪雾化受水力条件、地形条件和气象条件等多种因素的综合影响，其中水力条件是最主要的影响因素，而水力条件又与泄流量、水舌入水流速、下游水垫深度紧密相关。在现有的研究中，普遍认为泄流量越大、水舌入水流速越大，雾化范围及雾雨强度越大，同时也缺乏下游水垫深度变化对雾化效应的影响研究。本章通过模型试验，探讨单宽流量、水舌入水流速及水垫深度将如何影响跌流水舌入水激溅区雾雨扩散特性。

4.1　单宽流量对跌流水舌入水激溅区雾雨扩散影响规律

4.1.1　单宽流量对跌流水舌入水激溅散裂形式的影响

图 4.1 为不同单宽流量下雾雨强度在水平面上的分布规律，图 4.1(a)、(b)、(c)的射流入水碰撞速度 V_{j} 为 8.9m/s，图 4.1(d)、(e)、(f)的 V_{j} 为 10.4m/s，从中可得以下结果。

(1)跌流水舌碰撞区下游激溅散裂形式(形状)不随单宽流量变化，均呈 1/4 椭圆分布，椭圆的中心点位于水舌碰撞中心点，通常情况下纵向长度大于横向宽度。在本实验测量范围内雾雨强度最大值位于(50，0)附近，即水舌碰撞点附近。表明造成雾雨强度分布的影响机理就是在冲击作用下的激溅特性，由于单宽流量变化时，相应的物理过程没有发生变化，激溅水体均是做反弹后的斜抛运动。不同单宽流量下激溅水体初始抛射速度、出射角度、形态、数目和大小有所不同，从而引起激溅雾雨强度和扩散范围不同，但激溅水体所形成的雾雨分布形状不会发生变化。

(2)当 V_j=8.9m/s，h=20cm，z=20cm 时，雾雨强度最大值随着流量的增大先减小后增大；当 q=0.10m^2/s、0.14m^2/s、0.18m^2/s 时，纵向扩散范围(以 I=10mm/h 为界)分别为 161cm、141cm，155cm；当 q=0.10m^2/s、0.14m^2/s 时，横向扩散范围(以 I=10mm/h 为界)均约为 120cm；q=0.18m^2/s 的横向扩散范围大于 130cm，各单宽流量下横向扩散范围相差不大；雾雨扩散面积随流量的增加呈先减小后增大的趋势。在低入水流速下，流量小的水舌更薄，撞击前已发生拉伸破碎，射流水体与接受水体在水垫塘中作用范围较浅，容易激溅起水体；当流量增大，水舌增厚，整体性变好，射流水体与接受水体的相互作用区域变深，其激溅效应减小；而随着流量进一步增大，射流水体携带动能增加，其激溅效应再次增强。

(3)当 V_{j}=10.4m/s，h=20cm，z=20cm 时，雾雨强度最大值随着流量的增大而增大；

当 q=0.10m^2/s、0.14m^2/s、0.18m^2/s 时，纵向扩散范围(以 I=10mm/h 为界)分别为 188cm、265cm、280cm；横向扩散范围均大于 130cm；雾雨扩散面积随流量的增大而增大。这是因为在高入水流速(水头差)下，各单宽流量下的水舌连续性均较差，但是流量小的水舌破碎更为严重(甚至散裂为水束)，水舌破碎影响占主导地位，而流量较大的水舌整体性稍好，在高流速下碰撞动能也较大，使得溅水明显增多。

(4) 显示出了各工况 z=20cm 高度下，根据各平面雾雨强度最大值 I_{max} 确定的 50%I_{max}(红色虚线)、20%I_{max}(红色点划线)、10%I_{max}(红色实线)等值线，该等值线以 I_{max} 位置为中心点，依次向外延伸。

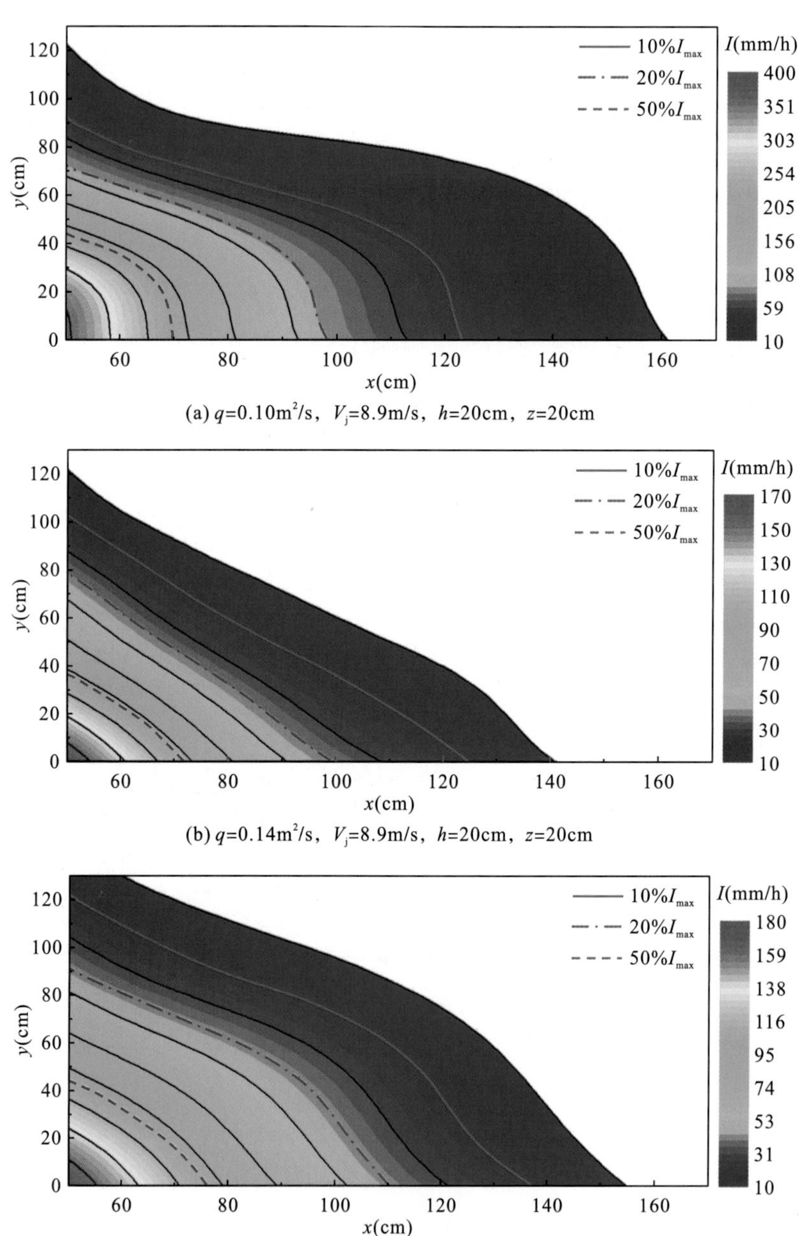

(a) q=0.10m^2/s，V_j=8.9m/s，h=20cm，z=20cm

(b) q=0.14m^2/s，V_j=8.9m/s，h=20cm，z=20cm

(c) q=0.18m^2/s，V_j=8.9m/s，h=20cm，z=20cm

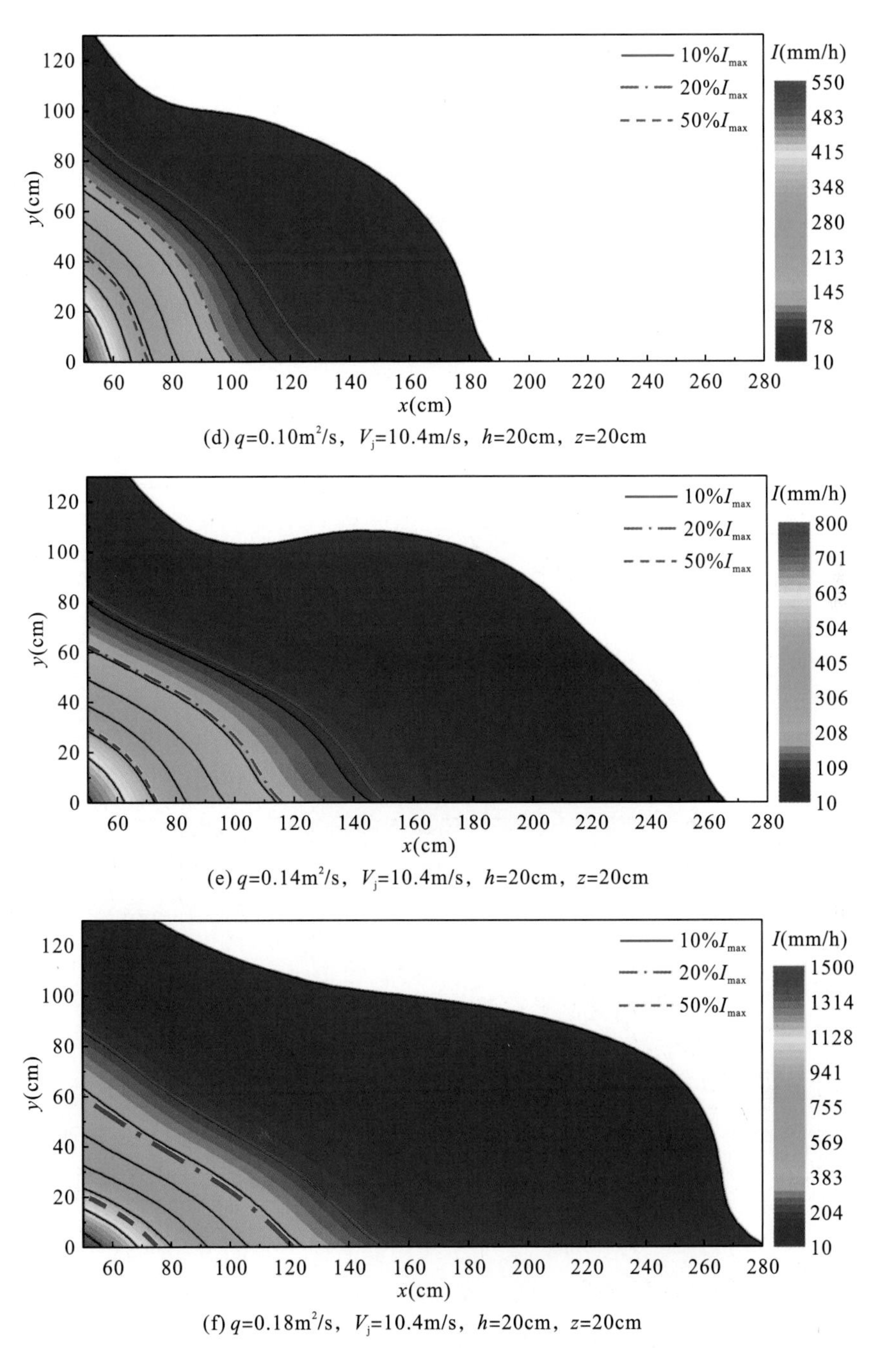

(d) q=0.10m^2/s，V_j=10.4m/s，h=20cm，z=20cm

(e) q=0.14m^2/s，V_j=10.4m/s，h=20cm，z=20cm

(f) q=0.18m^2/s，V_j=10.4m/s，h=20cm，z=20cm

图 4.1　不同单宽流量下雾雨强度在水平面上的分布规律

4.1.2　单宽流量对跌流水舌入水激溅分布特征值的影响

1. 单宽流量对雾雨强度最大值的影响

前人普遍认为单宽流量越大，雾雨强度越大，然而本实验表明，雾雨强度最大值并不单一地随流量变化而变化。图 4.2 为 h=20cm 时不同单宽流量下的雾雨强度最大值 I_{max}，表 4.1 为各工况下 z=20cm 时的雾雨强度最大值，从中可以得出：

(1) 在低流速 V_j=8.3m/s 时［图 4.2(a)］，$I_{max}(q=0.10\text{m}^2/\text{s}) > I_{max}(q=0.18\text{m}^2/\text{s}) > I_{max}(q=0.14\text{m}^2/\text{s})$，$I_{max}(q=0.10\text{m}^2/\text{s})$ 约为 $I_{max}(q=0.14\text{m}^2/\text{s})$ 3 倍及 $I_{max}(q=0.18\text{m}^2/\text{s})$ 的 2 倍。分析其原因是水头差较小，水舌入水流速较低，水舌碰撞时散裂程度较低，q=0.10m^2/s 时水舌最薄，散裂最为严重，碰撞后更容易激溅起水体。而 q=0.14m^2/s 和 q=0.18m^2/s 在低水舌入水流速情况下，水舌连续性好，因此不易激溅起水体。在相同水舌入水速度下 q=0.18m^2/s 时碰撞动能更大，使得 $I_{max}(q=0.18\text{m}^2/\text{s}) > I_{max}(q=0.14\text{m}^2/\text{s})$。

(2) 随着 V_j 增大，各单宽流量下的 I_{max} 也增大，只是增大的速率有所不同，当 V_j=8.9m/s 时［图 4.2(b)］，$I_{max}(q=0.10\text{m}^2/\text{s}) > I_{max}(q=0.14\text{m}^2/\text{s}) \approx I_{max}(q=0.18\text{m}^2/\text{s})$。由于 q=0.10m^2/s 时水舌最薄，破碎严重，因此随着的 V_j 的增大，I_{max} 增幅不大；而 q=0.14m^2/s 时随着 V_j 的增大水舌的连续性变差，碰撞动能增大，因此激溅起来的水体大幅增加，I_{max} 约为 V_j=8.3m/s 时的 2 倍；对于 q=0.18m^2/s，碰撞动能增大，但在此高度下水舌的整体性、连续性没有明显改变，因此与 V_j=8.3m/s 相比雾雨强度稍大，但是变化值不大。

(3) 当 V_j 增加到 9.4m/s 时［图 4.2(c)］，$I_{max}(q=0.10\text{m}^2/\text{s}) \approx I_{max}(q=0.14\text{m}^2/\text{s}) \approx I_{max}(q=0.18\text{m}^2/\text{s})$。这是因为 q=0.10m^2/s 散裂严重，$I_{max}(q=0.10\text{m}^2/\text{s})$ 随 V_j 增加速率小于 $I_{max}(q=0.14\text{m}^2/\text{s})$ 与 $I_{max}(q=0.18\text{m}^2/\text{s})$，致使在这一特定水力条件下出现过渡状态。

(4) 随着 V_j 进一步增加，$I_{max}(q=0.18\text{m}^2/\text{s}) > I_{max}(q=0.14\text{m}^2/\text{s}) > I_{max}(q=0.10\text{m}^2/\text{s})$，见图 4.2(d) 和 (e)。该现象存在于水舌入水流速较大的情况 (V_j=9.9m/s 和 V_j=10.4m/s)，在高水头下，水舌均已破碎，单宽流量越小，破碎越严重，因此流量越大，I_{max} 越大。

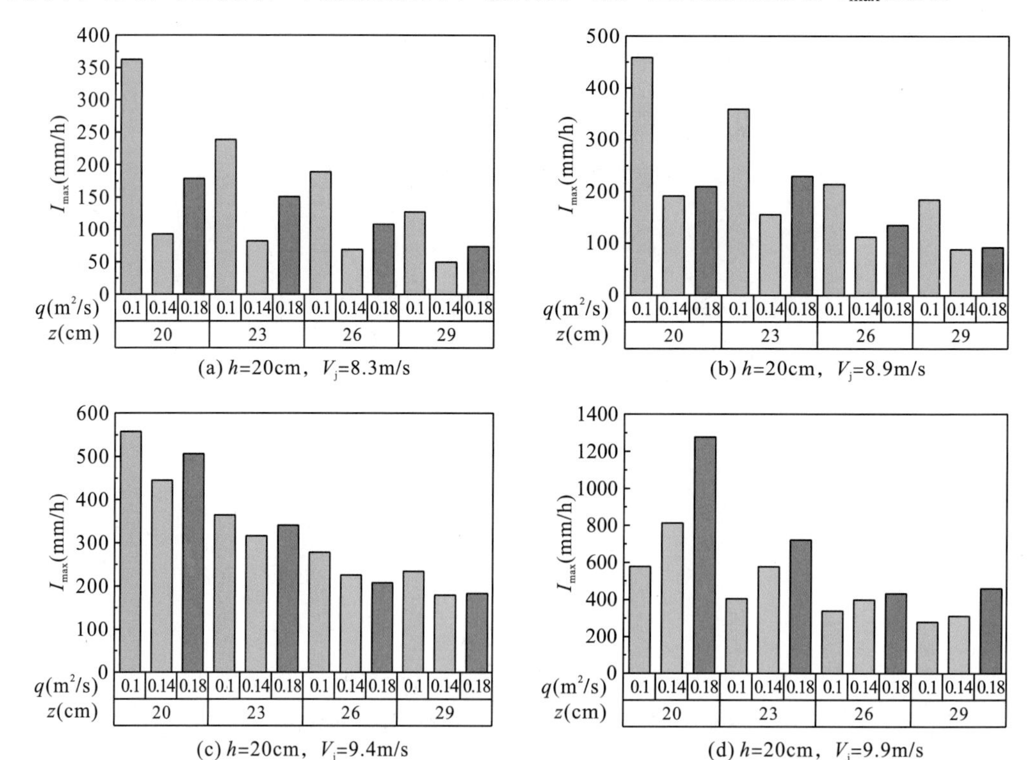

(a) h=20cm，V_j=8.3m/s

(b) h=20cm，V_j=8.9m/s

(c) h=20cm，V_j=9.4m/s

(d) h=20cm，V_j=9.9m/s

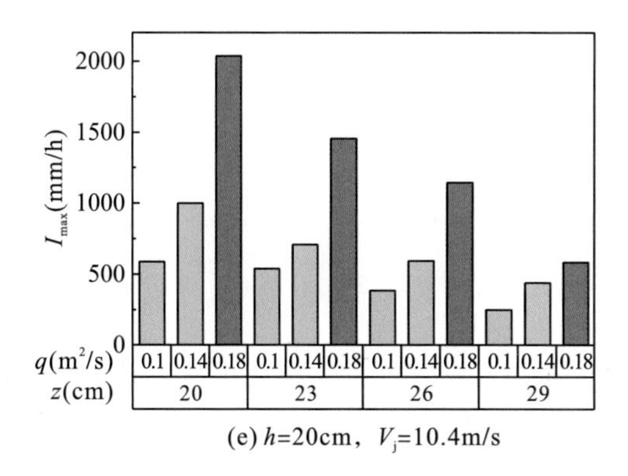

(e) h=20cm，V_j=10.4m/s

图 4.2　不同工况和单宽流量下雾雨强度最大值 I_{max} 对比图

表 4.1　雾雨强度最大值 I_{max} 统计（z=20cm）

V_j(m/s)	q(m^2/s)	I_{max}(mm/h)				
		h=20cm	h=30cm	h=40cm	h=50cm	h=60cm
8.3	0.10	363	224	264	340	333
	0.14	93	90	99	113	125
	0.18	179	119	79	139	159
8.9	0.10	458	368	318	517	537
	0.14	191	149	199	205	312
	0.18	209	249	202	259	338
9.4	0.10	557	597	527	577	400
	0.14	446	456	298	285	298
	0.18	507	362	756	1035	2168
9.9	0.10	577	577	657	657	671
	0.14	811	894	766	647	466
	0.18	1277	1114	1452	2616	2308
10.4	0.10	587	632	654	696	657
	0.14	995	1104	1542	1641	1422
	0.18	2039	1800	2765	3482	5481

综上所述，单宽流量对雾雨强度的影响并不像人们普遍认为的流量越大，雾雨强度越大。单宽流量直接影响水舌入水的破碎状态，从而影响入水激溅特性。在低入水流速下，流量小的水舌更薄，撞击前已发生拉伸破碎，射流水体与接受水体在水垫塘中作用范围较浅，容易激溅起水体，致使较小流量下的雾雨强度为较大流量的 2～3 倍；随着 V_j 的增大，各单宽流量下的水舌连续性均变差，但单宽流量较小时，水流在空中的破碎与散裂程度较高，在相同冲击速度的条件下，对水垫塘自由面的冲击能力较低，因此形成自由面冲击破碎、散裂，以及水滴、液丝的扩散能力下降，这导致在单宽流量较小时，雾雨强度值较低

流速下增加不明显；随着单宽流量的增大，水舌在空中的散裂程度降低，稳定性增强，在其他条件相同的情况下，对水垫塘自由面冲击强度增加，因此形成的自由面冲击破碎与散裂扩散显著增强，且大单宽流量下的雾雨强度绝对值较小单宽流量大，在 h=20cm、z=20cm 时为 2～4 倍，z=29cm 时为 1.5～2 倍。表 4.1 为各工况下，z=20cm 时雾雨强度最大值对比，从中可以看出各流量下的 I_{max} 符合上述变化规律。

2. 单宽流量对雾雨纵向扩散距离的影响

图 4.3 为不同工况下单宽流量 q 对雾雨扩散纵向扩散长度 $L_{x50\%I_{max}}$ 的影响，其中 $L_{x50\%I_{max}}$ 为同一水平面内边界在纵向（x 方向）上的最大值。从图 4.3 可以看出：在浅水垫时（h=20cm 和 h=30cm），$L_{x50\%I_{max}}$ 随 q 的增大总体呈增大的趋势；在深水垫时（h=50cm 和 h=60cm），$L_{x50\%I_{max}}$ 随 q 的增大总体呈减小的趋势；在 h=40cm 时，$L_{x50\%I_{max}}$ 为过渡状态。这主要是因为在水垫深度较小时，激溅水体主要表现为水滴、水点，使得雾雨强度沿纵向分布较均匀；在水垫深度较大时，激溅水体的水丝、水块数量增多，致使大流量、深水垫的 I_{max} 明显增大，雾雨强度沿纵向分布较陡峭，从而使得按照 I_{max} 百分比算的 $L_{x50\%I_{max}}$ 减小。由于测量的流量只有 3 个，各 $L_{x50\%I_{max}}$ 又是根据实验测量数据内插求得，个别测点因为实验误差而偏离较远，但不影响整体实验结果。

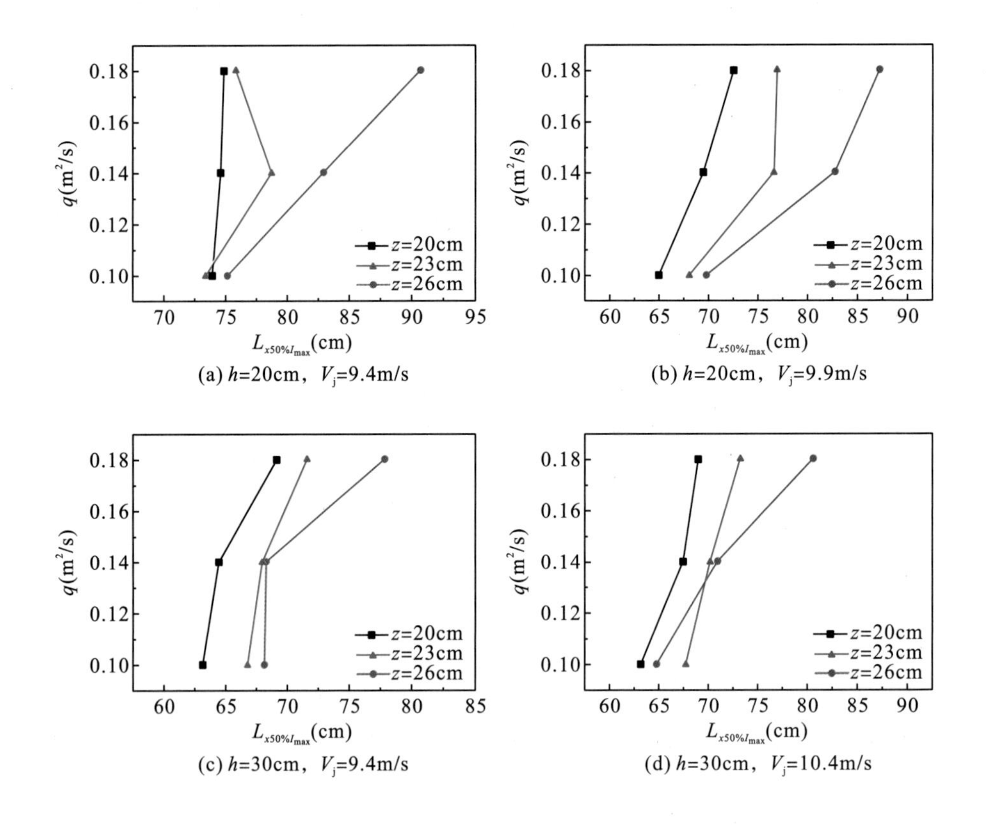

(a) h=20cm，V_j=9.4m/s (b) h=20cm，V_j=9.9m/s

(c) h=30cm，V_j=9.4m/s (d) h=30cm，V_j=10.4m/s

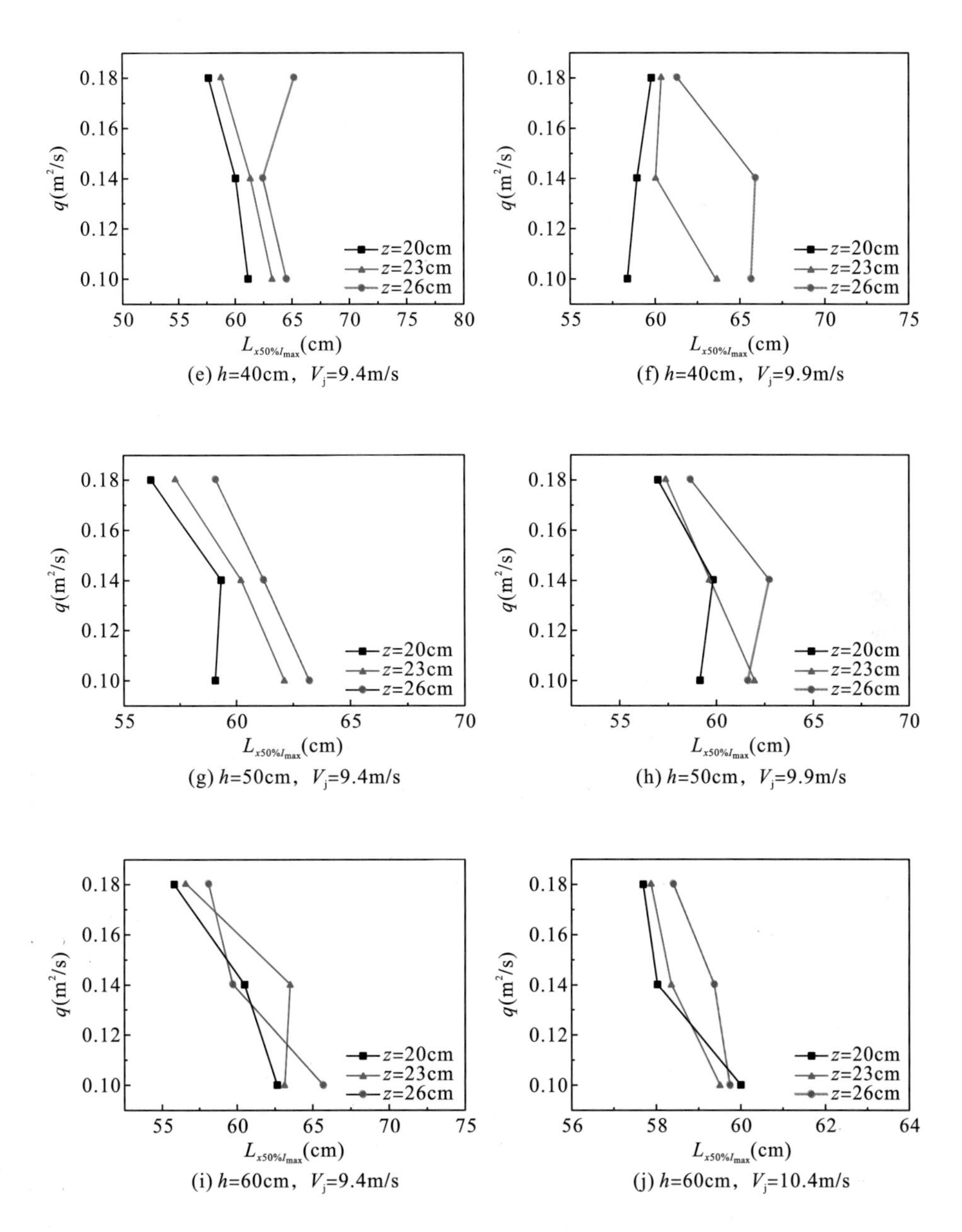

图 4.3　不同工况下单宽流量 q 对雾雨纵向扩散长度 $L_{x50\%I_{max}}$ 的影响

表 4.2 统计了 q=0.10m^2/s 和 q=0.18m^2/s 时，垂向高度 z=20cm 时，各工况下的纵向扩散长度 $L_{x50\%I_{max}}$ 变化值。从表 4.2 同样可以看出，在浅水垫时，变化值为正值，因此小流量的 $L_{x50\%I_{max}}$ 小，大流量的 $L_{x50\%I_{max}}$ 大，而深水垫时，则相反。从表 4.2 可以看出，z=20cm 时，$L_{x50\%I_{max}}$ 主要集中在 60～70cm，大多数情况下变化值在±5cm 以内，而纵向上雨量是从 x=50cm 开始往下游测量的，表明在水舌入水附近雾雨强度在纵向上的衰减剧烈。

表 4.2 纵向扩散长度 $L_{x50\%I_{max}}$ 随 q 变化值(z=20cm)

V_j(m/s)	q(m²/s)	$L_{x50\%I_{max}}$(cm)				
		h=20cm	h=30cm	h=40cm	h=50cm	h=60cm
8.3	0.10	65.6	66.3	66.0	64.6	62.8
	0.18	68.2	68.9	73.9	61.3	59.3
	差值	2.6	2.6	7.9	−3.3	−3.5
8.9	0.10	68.3	66.0	66.5	64.7	60.0
	0.18	72.9	66.5	65.6	57.8	57.9
	差值	4.6	0.5	−0.9	−6.9	−2.1
9.4	0.10	73.9	63.1	61.2	59.1	62.7
	0.18	74.8	69.1	57.7	56.2	55.8
	差值	0.9	6.0	−3.5	−2.9	−6.9
9.9	0.10	64.9	60.1	58.3	59.1	60.2
	0.18	72.5	61.4	59.7	57.0	56.7
	差值	7.6	1.3	1.4	−2.1	−3.5
10.4	0.10	67.2	64.0	63.1	61.6	60.0
	0.18	69.7	68.2	63.8	57.6	57.7
	差值	2.5	4.2	0.7	−4.0	−2.3

注：差值= $L_{x50\%I_{max}}(q=0.18\text{m}^2/\text{s}) - L_{x50\%I_{max}}(q=0.10\text{m}^2/\text{s})$。

图 4.4 为不同工况下单宽流量 q 对雾雨纵向扩散长度 $L_{x10\%I_{max}}$ 的影响；表 4.3 为 z=20cm 时，q=0.10m²/s 和 q=0.18m²/s 的纵向扩散长度 $L_{x10\%I_{max}}$ 统计值。从图 4.4 和表 4.3 可以看出，$L_{x10\%I_{max}}$ 变化趋势与 $L_{x50\%I_{max}}$ 类似，在浅水垫时纵向扩散长度 $L_{x10\%I_{max}}$ 随着 q 的增大而增大，在深水垫时 $L_{x10\%I_{max}}$ 随着 q 的增大而减小。从表 4.3 可以看出，z=20cm 时，$L_{x10\%I_{max}}$ 主要集中在 70～130cm，差值在−50.5～30.1cm 不等，$L_{x10\%I_{max}}$ 变化幅值明显大于 $L_{x50\%I_{max}}$。h=40cm 时，差值在±10cm 以内，变化幅值较其余水垫深度小。当 V_j=8.3m/s，h=50cm 和 h=60cm 的差值为正值，与前面所说的整体变化规律不同，这主要是实验测量误差造成的。

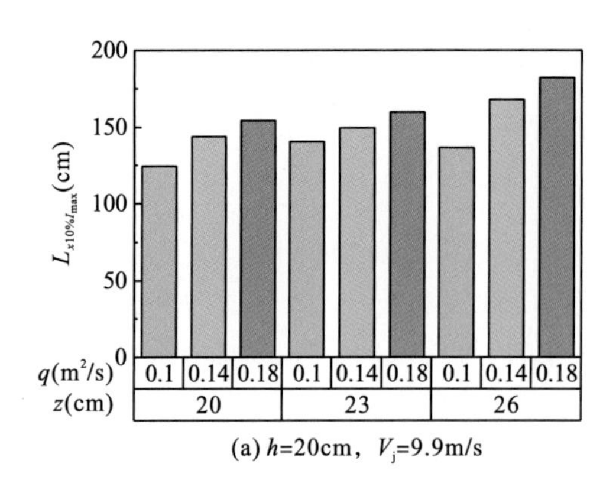

(a) h=20cm，V_j=9.9m/s

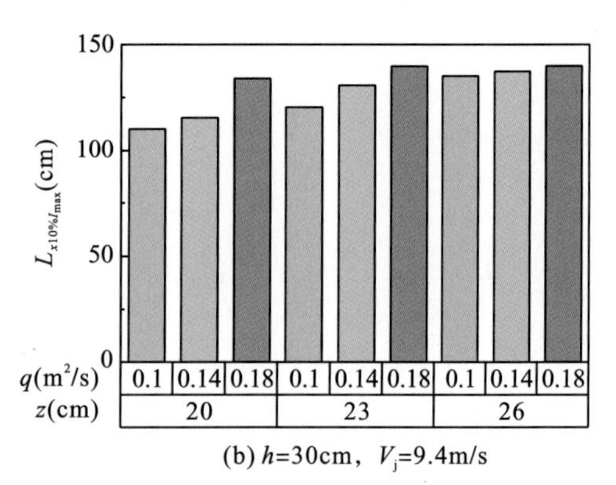

(b) h=30cm，V_j=9.4m/s

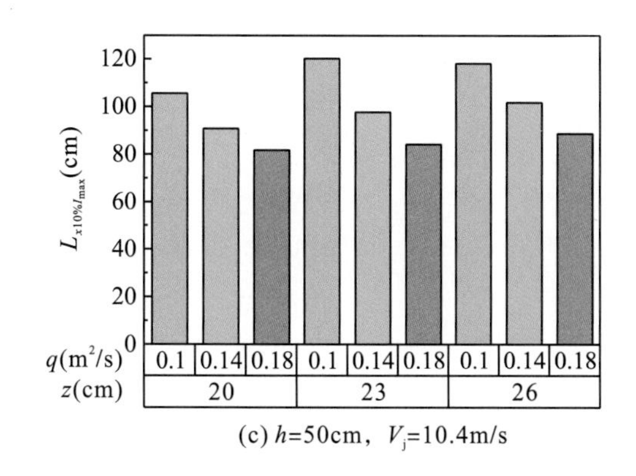

(c) h=50cm，V_j=10.4m/s

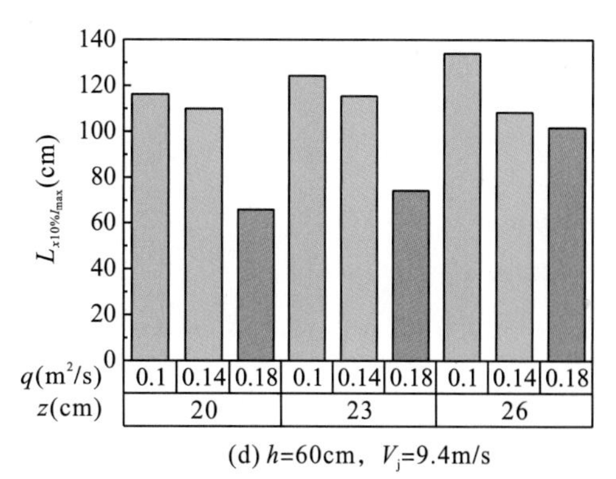

(d) h=60cm，V_j=9.4m/s

图 4.4　不同工况下单宽流量 q 对雾雨纵向扩散长度 $L_{x10\%I_{max}}$ 的影响

表 4.3　纵向扩散长度 $L_{x10\%I_{max}}$ 随 q 变化值(z=20cm)

V_j(m/s)	q(m²/s)	$L_{x10\%I_{max}}$(cm)				
		h=20cm	h=30cm	h=40cm	h=50cm	h=60cm
8.3	0.10	105.4	103.8	117.0	109.6	108.3
	0.18	122.3	117.8	122.8	122.6	110.2
	差值	16.9	14.0	5.8	13.0	1.9
8.9	0.10	124.6	113.0	112.7	112.0	111.6
	0.18	133.3	110.0	116.0	108.3	109.1
	差值	8.7	−3.0	3.3	−3.7	−2.5
9.4	0.10	136.4	110.0	104.4	97.3	116.4
	0.18	160.1	133.8	94.7	75.5	65.9
	差值	23.7	23.8	−9.7	−21.8	−50.5
9.9	0.10	124.3	108.0	100.0	103.5	106.8
	0.18	154.4	136.0	95.4	76.5	73.9
	差值	30.1	28.0	−4.6	−27.0	−32.9
10.4	0.10	121.7	109.8	111.6	105.4	97.1
	0.18	140.8	125.5	105.3	81.8	75.4
	差值	19.1	15.7	−6.3	−23.6	−21.7

注：差值= $L_{x10\%I_{max}}$(q=0.18m²/s) − $L_{x10\%I_{max}}$(q=0.10m²/s)。

3. 单宽流量对雾雨横向扩散距离的影响

图 4.5 为不同工况下单宽流量 q 对雾雨横向扩散宽度 $L_{y10\%I_{max}}$ 的影响。其中 $L_{y10\%I_{max}}$ 为同一水平面内 $10\%I_{max}$ 边界自纵向中轴线(y=0)在横向上的最大宽度。从图 4.5 可以看出，在低 V_j 时(V_j=8.3m/s 和 V_j=8.9m/s)，$L_{y10\%I_{max}}$ 随着单宽流量的增大而增大；在高 V_j 时(V_j=9.9m/s 和 V_j=10.4m/s)，单宽流量对横向扩散宽度 $L_{y10\%I_{max}}$ 的影响不大。这是因为在低入水流速下，水舌整体性较好，流量越大碰撞动能越大；在高入水流速下，水舌掺气、散

裂严重，严重时甚至破碎为水束，水舌破碎影响占主导地位，使得溅水横向扩散宽度变化不大。

表 4.4 为 z=20cm 时，q=0.10m^2/s 与 q=0.18m^2/s 的横向扩散宽度 $L_{y10\%I_{\max}}$ 变化值。在 V_j=8.3m/s、V_j=8.9m/s 时，q=0.10m^2/s 与 q=0.18m^2/s 的 $L_{y10\%I_{\max}}$ 差值最大达到 36.9cm；当 V_j=9.9m/s、V_j=10.4m/s 时，q=0.10m^2/s 与 q=0.18m^2/s 的 $L_{y10\%I_{\max}}$ 差值几乎都在±10cm 范围内；当 V_j=9.4m/s 时，是一个过渡状态。

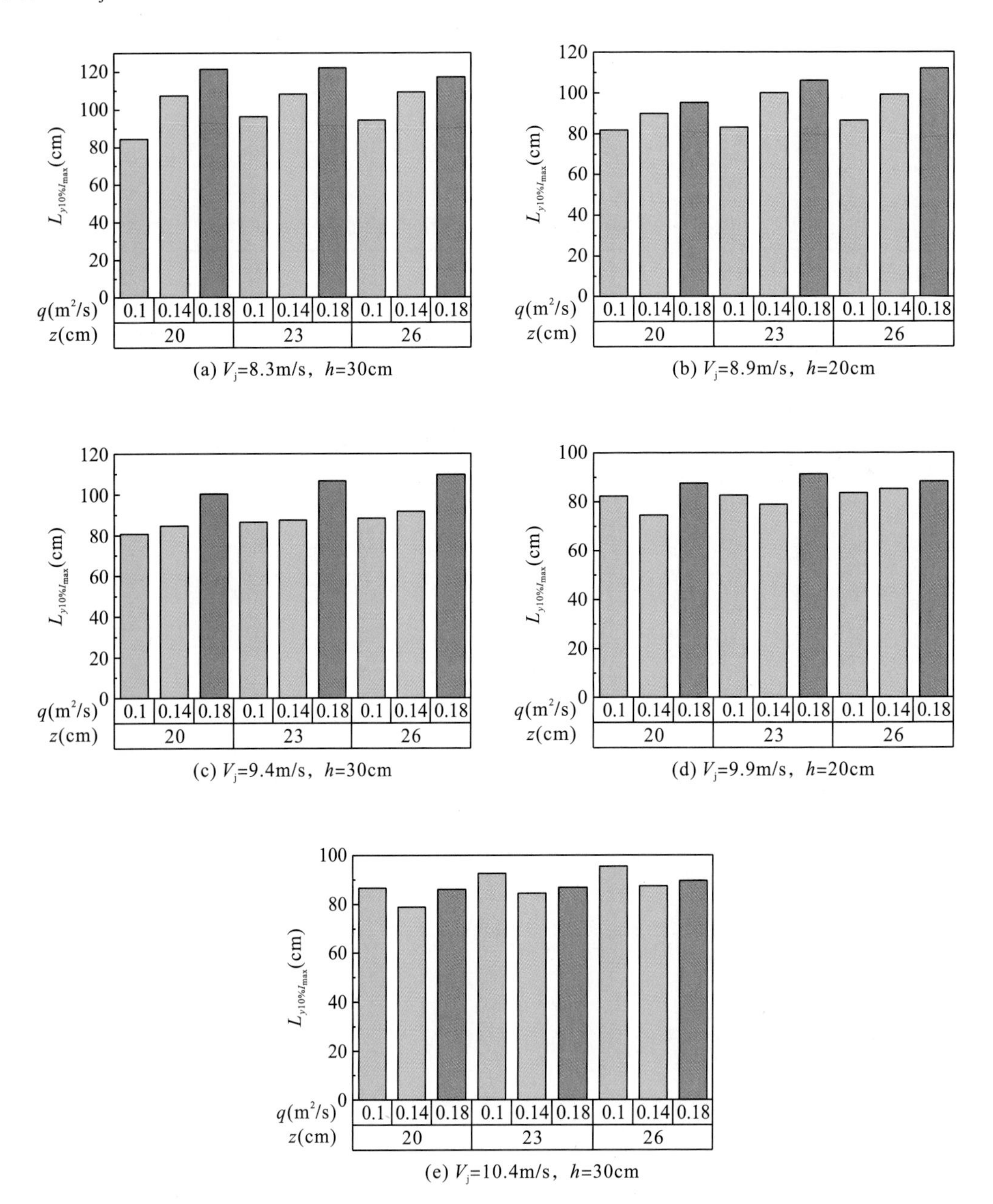

(a) V_j=8.3m/s，h=30cm

(b) V_j=8.9m/s，h=20cm

(c) V_j=9.4m/s，h=30cm

(d) V_j=9.9m/s，h=20cm

(e) V_j=10.4m/s，h=30cm

图 4.5 不同工况下单宽流量 q 对雾雨横向扩散宽度 $L_{y10\%I_{\max}}$ 的影响

表 4.4　横向扩散宽度 $L_{y10\%I_{max}}$ 随 q 变化值 (z=20cm)

V_j (m/s)	q (m²/s)	$L_{y10\%I_{max}}$ (cm)				
		h=20cm	h=30cm	h=40cm	h=50cm	h=60cm
8.3	0.10	84.2	84.4	86.3	89.9	92.5
	0.18	108.1	121.3	113.7	98.4	99.5
	差值	23.9	36.9	27.4	8.5	7.0
8.9	0.10	81.9	85.6	89.4	87.1	94.2
	0.18	95.0	105.0	105.1	90.2	88.3
	差值	13.1	19.4	15.7	3.1	−5.9
9.4	0.10	79.2	80.8	79.7	78.9	83.0
	0.18	87.9	100.5	87.4	84.6	80.5
	差值	8.7	19.7	7.7	5.7	−2.5
9.9	0.10	82.2	80.1	74.4	74.2	79.1
	0.18	87.6	89.8	84.4	71.9	77.0
	差值	5.4	9.7	10.0	−2.3	−2.1
10.4	0.10	80.9	86.6	84.5	85.2	80.1
	0.18	84.5	85.9	76.9	71.5	74.7
	差值	3.6	−0.7	−7.6	−13.7	−5.4

注：差值= $L_{y10\%I_{max}}$ (q=0.18m²/s) − $L_{y10\%I_{max}}$ (q=0.10m²/s)。

综上所述，雾雨强度分布的影响机理就是在冲击作用下的激溅特性，由于单宽流量变化时，相应的物理过程没有发生变化，激溅水体均是做反弹后的斜抛运动。不同单宽流量下激溅水体初始抛射速度、出射角度、形态、数目和大小有所不同，从而引起激溅雾雨强度和扩散范围不同，但激溅水体所形成的雾雨分布形状不会发生变化。在低入水流速时，流量较小的最大雾雨强度大于流量较大的值，在高入水流速时则相反。在浅水垫时，纵向扩散长度随着单宽流量的增大而增大，而在深水垫时，随着单宽流量的增大而减小。在低入水流速时，雾雨横向扩散宽度随着单宽流量的增大而增大，而在高入水流速时单宽流量对雾雨横向扩散宽度的影响不显著。

4.2　水舌入水流速对跌流水舌入水激溅区雾雨扩散影响规律

4.2.1　水舌入水流速对跌流水舌入水激溅散裂形式的影响

图 4.6 为水舌入水流速不同，其他实验条件(单宽流量、水垫深度、垂向高度 z)不变时，雾雨强度在水平面上的分布，图 4.6(a)、(b)、(c)、(d)、(e)中，q=0.18m²/s，h=20cm，z=20cm，射流入水碰撞速度 V_j 依次为 8.3m/s、8.9m/s、9.4m/s、9.9m/s、10.4m/s，从中可以看出：

(1)跌流水舌碰撞区下游激溅散裂形式(形状)不随 V_j 变化而变化，均呈 1/4 椭圆分布。不同入水速度下激溅水体初始抛射速度、出射角度、形态、数目和大小有所不同，从而引起激溅雾雨强度大小和扩散范围不同，但激溅水体所形成的雾雨分布形状不会发生变化。

(2)纵向扩散范围(以 I=10mm/h 为界)随着 V_j 的增大而增大，这是因为随着入水流速的增大，水舌碰撞前的散裂程度加剧，同时碰撞动能增大。当 V_j=8.3m/s、8.9m/s、9.4m/s、9.9m/s、10.4m/s 时，纵向上最远扩散距离分别为 134cm、155cm、211cm、250cm、280cm。

(3)由于下游实验水槽宽度的限制，横向上最远测量范围距离水舌中轴线 130cm(即 y=130cm)，I=10mm/h 的等值线已超出 y=130cm，但 I 值通常已经小于 30mm/h，并且该测量高度(z=20cm)为本实验的最低测量高度(V_j=9.4m/s、9.9m/s、10.4m/s)或者第二低测量高度(V_j=8.3m/s、8.9m/s)，不影响雾雨强度在横向上的分析。结合图 4.6 在 y=130cm 的雾雨强度大小及延伸趋势可以看出，随着 V_j 的增大，横向扩散范围变化微小。

(4)雾雨扩散面积(以 I=10mm/h 为界)随着 V_j 的增大而增大。

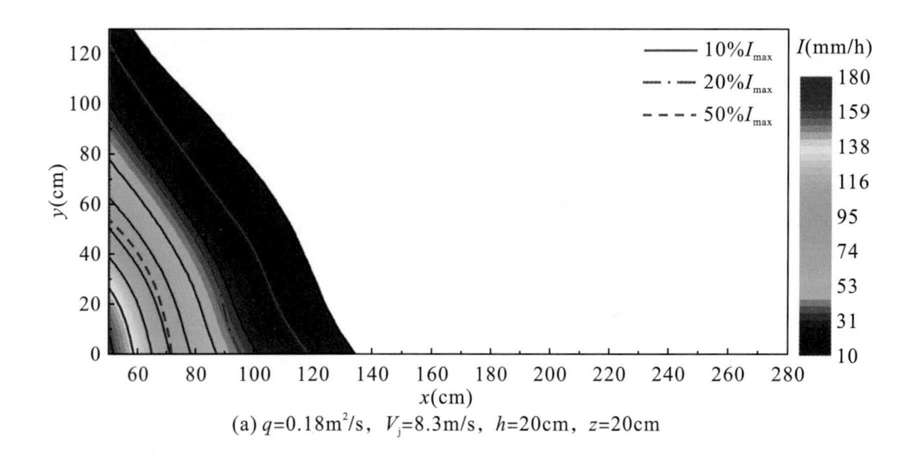

(a) q=0.18m²/s，V_j=8.3m/s，h=20cm，z=20cm

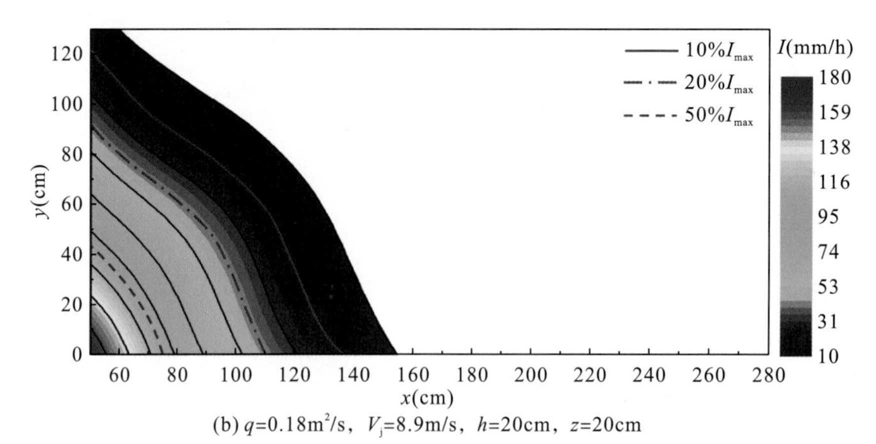

(b) q=0.18m²/s，V_j=8.9m/s，h=20cm，z=20cm

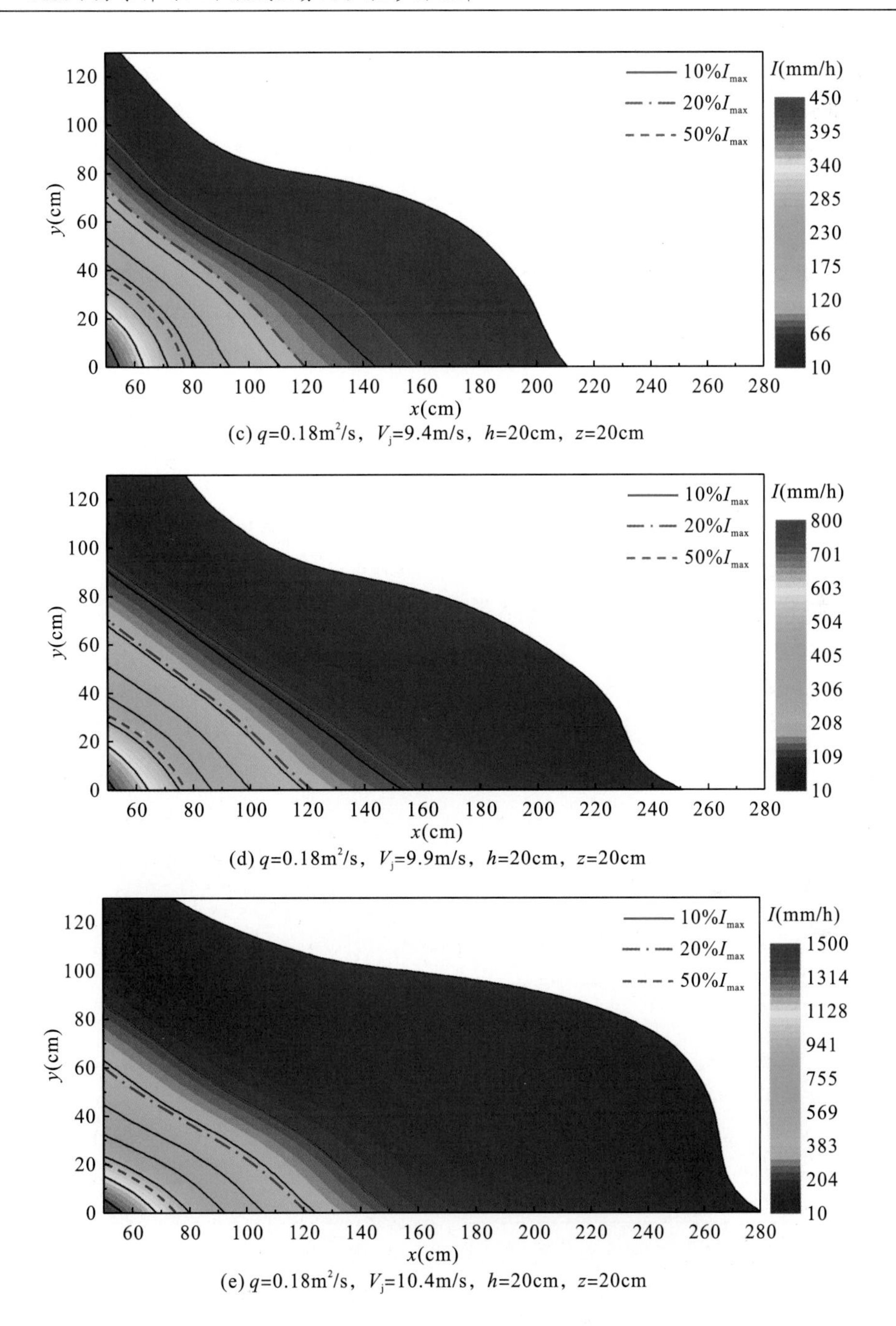

图 4.6　V_j 对水平面内雾雨强度分布规律影响

4.2.2　水舌入水流速对跌流水舌入水激溅分布特征值的影响

1. 水舌入水流速对雾雨强度最大值的影响

图 4.7 为不同射流入水碰撞速度 V_j 下雾雨强度最大值下的变化规律。从图中可以看出，

在其余实验条件保持不变的情况下，雾雨强度最大值随水舌入水流速增大而增大，随空间高度 z 的增加而减小。

(1) 在 q=0.10m^2/s 时，I_{max} 随水舌入水流速增幅变平缓，表现为直线型式。当 h=20cm、z=20cm 时，I_{max} 从 363mm/h(V_j=8.3m/s) 增加到 587mm/h(V_j=10.4m/s)，二者的比值约为 1.6；当 q=0.10m^2/s、h=60cm 时，V_j=9.4m/s 时的雾雨强度最大值局部减小，个别测点也存在与整体趋势不同的变化，但总体上还是呈现出 I_{max} 随水头增大而增大的趋势，在 z=20cm 时，I_{max} 从 333mm/h(V_j=8.3m/s) 变化为 657mm/h(V_j=10.4m/s)，二者的比值约为 2.0。

(2) 在 q=0.14m^2/s 时，I_{max} 随水舌入水流速增加而增加，曲线变化曲率也随之增大，表现为指数型式。需要说明的是：由于在 V_j=8.3m/s、z=35cm 时，I_{max} 较小(预计最大值小于 30mm/h)，本实验未进行测量。当 h=20cm、z=20cm 时，I_{max} 从 93mm/h(V_j=8.3m/s) 增加到 995mm/h(V_j=10.4m/s)，二者的比值约为 10.7；当 h=60cm、z=20cm 时，I_{max} 从 125mm/h(V_j=8.3m/s) 增加到 1422mm/h(V_j=10.4m/s)，二者的比值约为 11.4。

(3) 在 q=0.18m^2/s 时，I_{max} 随水舌入水流速增加速率较 q=0.14m^2/s 时更大，同样表现为指数型式。当 h=20cm、z=20cm 时，I_{max} 从 179mm/h(V_j=8.3m/s) 增加到 2039mm/h(V_j=10.4m/s)，二者的比值约为 11.4；当 h=60cm、z=20cm 时，I_{max} 从 159mm/h(V_j=8.3m/s) 增加到 5481mm/h(V_j=10.4m/s)，二者的比值约为 34.5。

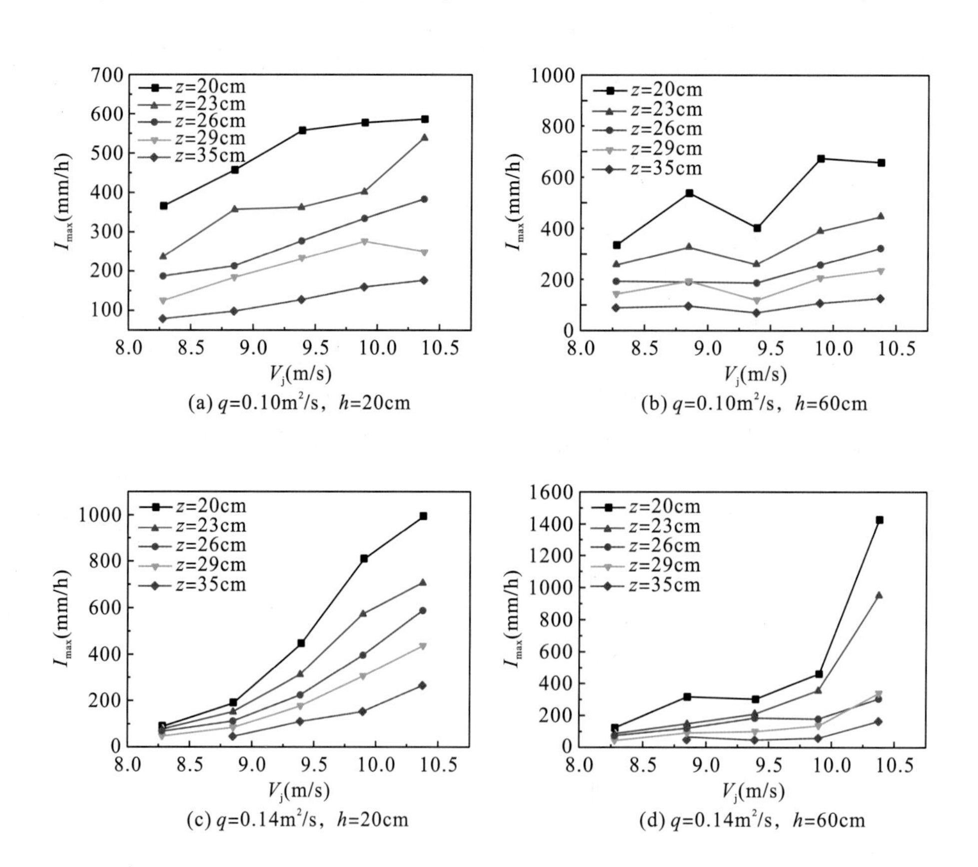

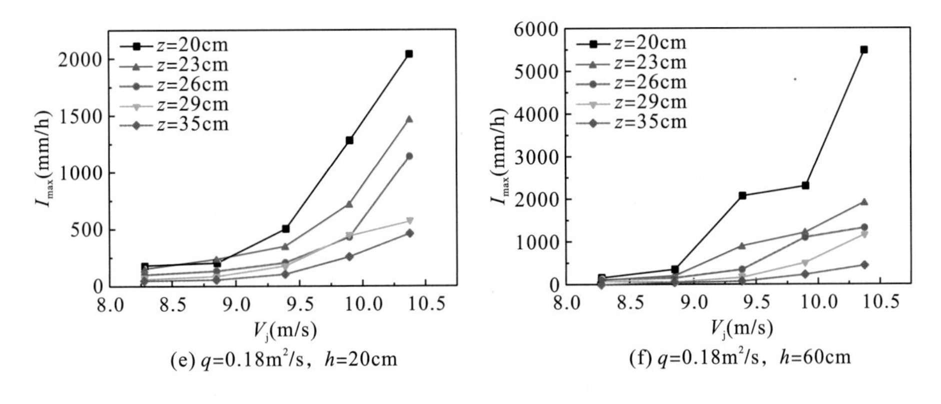

(e) q=0.18m²/s，h=20cm　　(f) q=0.18m²/s，h=60cm

图 4.7　不同 V_j 下雾雨强度最大值 I_{max} 对比图

综上所述，由于流量较小时水舌较薄，随着入水流速的增大，水舌散裂严重，甚至散裂为水束，尽管碰撞动能增大，但受水舌散裂程度的影响较大，因此雾雨强度有所增大但增大的速率变化不明显。在流量较大时，随着入水流速的增大，水舌破碎程度增大，但相比较小流量水舌的连续性、整体性要好很多，同时碰撞动能大大增大，使得雾雨强度变化显著。

2. 水舌入水流速对雾雨纵向扩散距离的影响

图 4.8 为纵向扩散长度 $L_{x10\%I_{max}}$ 随 V_j 变化而变化的规律。从图 4.8 中可以看出，$L_{x10\%I_{max}}$ 随 V_j 的增大基本呈先增大后减小的趋势，$L_{x10\%I_{max}}$ 对应于 V_j 存在一个极大值，该极大值出现的位置在 V_j=9.4m/s、V_j=9.9m/s 处。这主要是因为随着 V_j 增大，I_{max} 及扩散长度均增大，但 I_{max} 在高入水流速下增大速率较快，雾雨强度沿纵向的分布曲线更陡，使得按照 I_{max} 百分比确定的雾雨扩散长度减小。以 q=0.10m²/s，h=20cm，z=20cm 为例，V_j=8.3m/s 时 $L_{x10\%I_{max}}$=105.4cm，V_j=9.4m/s 时 $L_{x10\%I_{max}}$ 存在极大值为 136.4cm，V_j=10.4m/s 时 $L_{x10\%I_{max}}$=121.7cm。对比图 4.8(a)、(c)、(e)，h=20cm，z=20cm 时 q=0.10m²/s、0.14m²/s、q=0.18m²/s 的 $L_{x10\%I_{max}}$ 极大值分别为 136.4cm、146.9cm、160.1cm。在浅水垫时 $L_{x10\%I_{max}}$ 极大值随着 q 的增大而增大，而在深水垫时此规律不明显。从图 4.8 中可以看出，个别测点存在明显的偏离，这是实验测量误差以及后期数据的内插所致，不影响整体实验结果的分析。

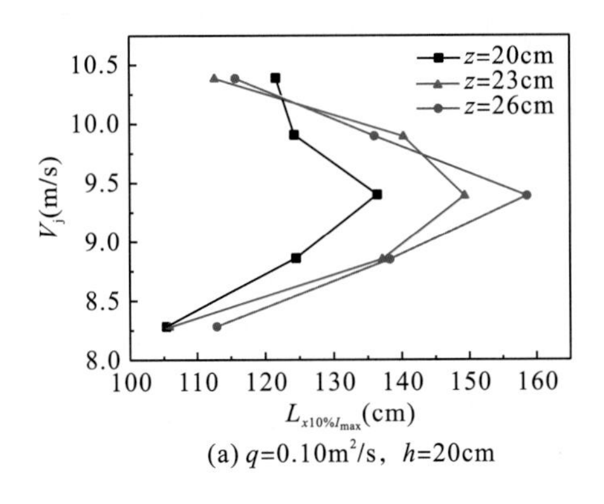

(a) q=0.10m²/s，h=20cm

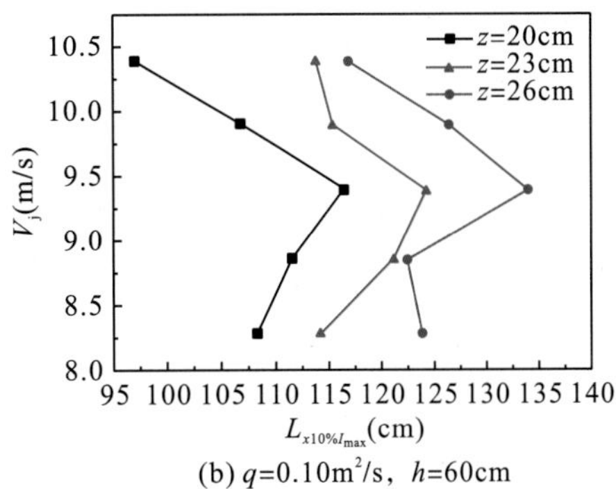

(b) q=0.10m²/s，h=60cm

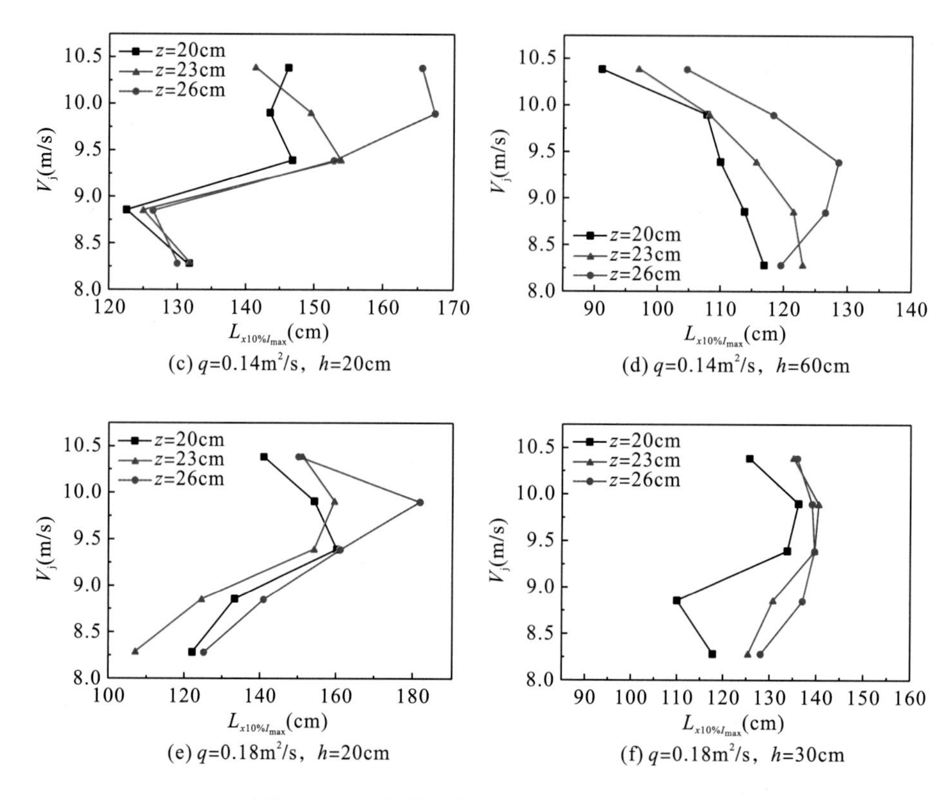

(c) q=0.14m²/s，h=20cm (d) q=0.14m²/s，h=60cm

(e) q=0.18m²/s，h=20cm (f) q=0.18m²/s，h=30cm

图 4.8 纵向扩散长度 $L_{x10\%I_{max}}$ 随 V_j 变化规律

3. 水舌入水流速对雾雨横向扩散距离的影响

图 4.9 为横向扩散宽度 $L_{y10\%I_{max}}$ 随 V_j 变化而变化的规律。从图 4.9 可以看出，在测量范围内随着 V_j 增大 $L_{y10\%I_{max}}$ 减小，并且在低 V_j 时变化率大，在高 V_j 时变化率小，变化率的分界点存在于 V_j=9.4m/s 附近。这主要是因为随着 V_j 增大，碰撞动能增大，冲击作用下激溅雾雨强度大大增加，横向扩散宽度增大但增加的值较小，雾雨强度沿横向的分布曲线更陡，因此按照 I_{max} 百分比确定的雾雨扩散长度减小。以 q=0.18m²/s，h=20cm，z=20cm 为例，当 V_j=8.3m/s 时 $L_{y10\%I_{max}}$=108.1cm，V_j=9.4m/s 时 $L_{y10\%I_{max}}$ 存在明显的分界点为 87.9cm，V_j=10.4m/s 时 $L_{y10\%I_{max}}$=84.5cm。

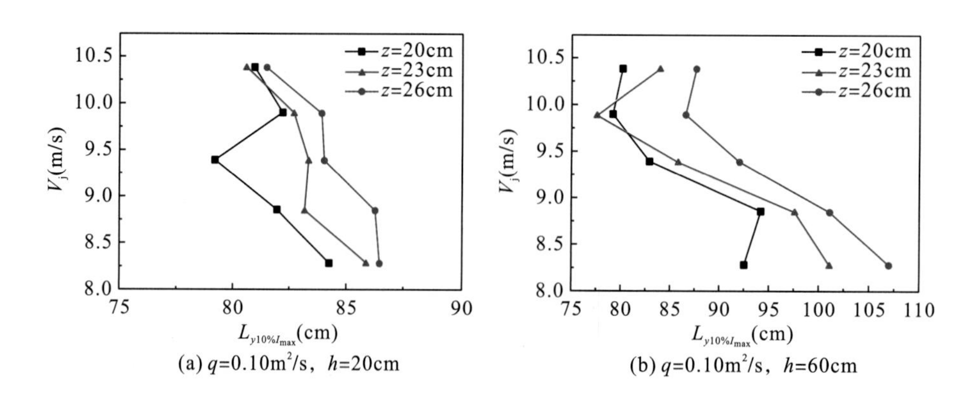

(a) q=0.10m²/s，h=20cm (b) q=0.10m²/s，h=60cm

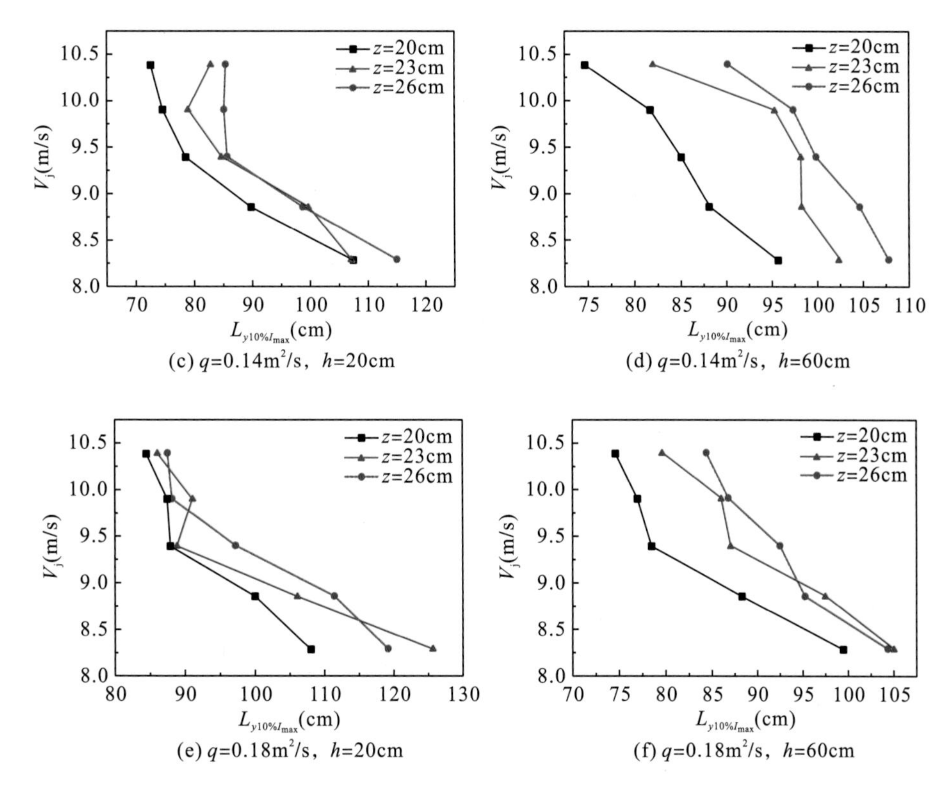

图 4.9　横向扩散宽度 $L_{y10\%I_{max}}$ 随 V_j 变化规律

表 4.5　横向扩散宽度 $L_{y10\%I_{max}}$ 随 V_j 变化值(z=20cm)

q(m²/s)	V_j(m/s)	$L_{y10\%I_{max}}$(cm)				
		h=20cm	h=30cm	h=40cm	h=50cm	h=60cm
0.10	8.3	84.2	84.4	86.3	89.9	92.5
	10.4	80.9	86.6	84.5	85.2	80.1
	差值	−3.3	2.2	−1.8	−4.7	−12.4
0.14	8.3	107.4	107.1	102.5	95.8	95.7
	10.4	72.6	78.6	72.8	74.7	74.7
	差值	−34.8	−28.5	−29.7	−21.1	−21.0
0.18	8.3	108.1	121.3	113.7	98.4	99.5
	10.4	84.5	85.9	76.9	71.5	74.7
	差值	−23.6	−35.4	−36.8	−26.9	−24.8

注：差值= $L_{y10\%I_{max}}$(V_j=10.4m/s)−$L_{y10\%I_{max}}$(V_j=8.3m/s)。

表 4.5 为 V_j=8.3m/s 与 V_j=10.4m/s 的 $L_{y10\%I_{max}}$ 数值对比。从表中可以看出，除去 q=0.10m²/s，h=30cm 外，差值均为负值，表明 V_j=10.4m/s 时的 $L_{y10\%I_{max}}$ 小于 V_j=8.3m/s 时的 $L_{y10\%I_{max}}$。q=0.10m²/s 时的变化值较小，基本在±5cm 以内；q=0.14m²/s 时，变化值在−35～

−21cm；q=0.18m^2/s 时；变化值在−37～−23cm。随着 q 的增大，两水舌入水速度下的 $L_{y10\%I_{max}}$ 差值增大。

4. 水舌入水流速对雾雨强度垂向特征变化角α_1的影响

本研究首先求取距离水舌入水位置较近的x=50～70cm横断面上雾雨强度在垂向上的变化角度α_1(与水平面的夹角)，α_1的求取步骤如下：①分别在 x=50cm、60cm、70cm 横断面上获得 I_{max}，并内插求得 50%I_{max}对应的 z 值，对应点 p_1、p_2、p_3(图 4.10)，其中关于选取 50%I_{max}处的 z 值作为α_1计算值是经过比较的，不能选取 I_{max}，因为 I_{max}接近水面，不能代表水滴抛射运动，并且 I_{max}位于测量位置最低处，在 x 方向上没有变化，该值也不能太小，否则由于雾雨量小，实验测量产生的误差本身就很大，测量不准确，因此选取 50%I_{max}处的 z 值作为α_1计算值。②根据点 p_1、p_2、p_3的斜率求得α_1值，若 p_1、p_2、p_3间的斜率相差不大，则选择 p_1、p_3点间的斜率 r 求得α_1值，α_1=ATAN(r)；若 p_1、p_2、p_3间的斜率相差较大，则对应附近其他工况计算值，选取相近两点的斜率计算α_1。

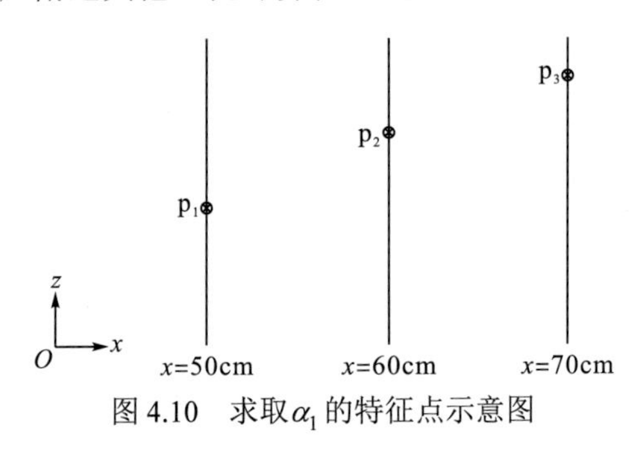

图 4.10 求取α_1的特征点示意图

统计各工况下的α_1表明：单宽流量变化对α_1的变化影响不显著，因此将相同入水速度和水垫深度下的α_1取平均值，统计结果见表 4.6，以水垫深度 h=40cm 为例，V_j=8.3m/s、8.9m/s、9.4m/s、9.9m/s、10.4m/s 时，α_1分别为 9.7°、12.2°、12.0°、10.5°、3.5°，α_1随 V_j的增大呈先增大后减小的趋势，最大值位于 8.9m/s 与 9.4m/s 之间(图 4.11)，该分析数据可为后续概化模型提供支撑。

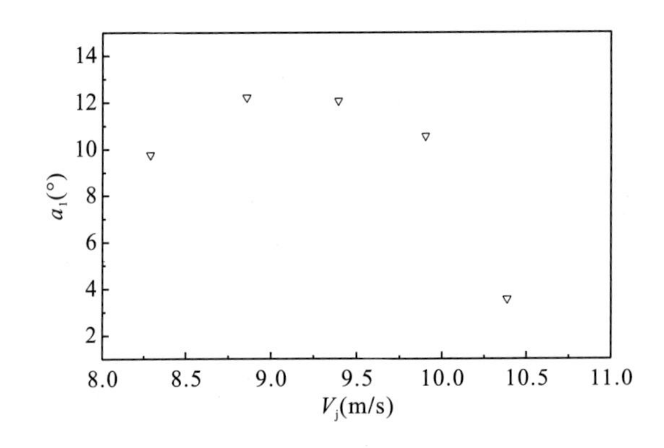

图 4.11 α_1随射流入水碰撞速度 V_j变化规律(h=40cm)

表 4.6　α_1 统计表

V_j(m/s)	α_1(°)				
	h=20cm	h=30cm	h=40cm	h=50cm	h=60cm
8.3	8.4	7.3	9.7	10.6	7.9
8.9	10.0	11.4	12.2	9.4	9.9
9.4	11.0	8.7	12.0	9.3	8.9
9.9	6.9	9.6	10.5	11.0	8.5
10.4	6.4	5.4	3.5	3.7	2.9

综上所述，雾雨强度分布的影响机理就是在冲击作用下的激溅特性，由于入水流速变化时，相应的物理过程没有发生变化，激溅水体均是做反弹后的斜抛运动。不同入水流速下激溅水体初始抛射速度、出射角度、形态、数目和大小有所不同，从而引起激溅雾雨强度和扩散范围不同，但激溅水体所形成的雾雨分布形状不会发生变化。雾雨强度最大值随着水舌入水流速的增大而增大，在小流量时增加缓慢，表现为直线型式；在大流量时，分布曲线变化曲率逐渐变陡，表现为指数型式。雾雨纵向扩散长度随着水舌入水流速的增大先增大后减小，存在一个极大值，极大值出现时对应的水舌入水流速不同；雾雨扩散横向宽度随入水流速的增大而减小，雾雨强度垂向特征变化角度α_1随入水流速的增大而先增大后减小。

4.3　水垫深度对跌流水舌入水激溅区雾雨扩散影响规律

4.3.1　水垫深度对跌流水舌入水激溅散裂形式的影响

图 4.12 为水垫深度不同，其他实验条件相同情况下，雾雨强度在水平面上的分布，图 4.12(a)、(b)、(c)、(d)、(e)依次为水垫深度 h=20cm、30cm、40cm、50cm、60cm，从中可以看出以下结果。

(1)测量范围内，跌流水舌碰撞区下游激溅散裂形状同样呈 1/4 椭圆分布，不同的是随着水垫深度的增加在 x=90cm 附近，雾雨边缘有向内凹陷的趋势。不同水垫深度下激溅水体初始抛射速度、出射角度、形态、数目和大小有所不同，从而引起激溅雾雨强度和扩散范围不同，但激溅水体所形成的雾雨分布形状不会发生变化。

(2)纵向扩散范围(以 I=10mm/h 为界)随着水垫深度的增大而减小，再保持稳定的状态，当 h=20cm、30cm、40cm、50cm、60cm 时，纵向上最远扩散距离分别为 280cm、255cm、244cm、198cm、202cm。随着水垫深度的增大，溅抛水体中水丝、水块的数量比例增大，水滴、水点的比例减小，而纵向最远扩散长度主要取决于水滴和水点，因此纵向扩散范围随着水垫深度的增大而减小，当水垫深度增大到一定程度后，水垫深度对水体散裂形式分布的影响不显著。

(3) 各工况下 I=10mm/h 的等值线已超出 y=130cm，结合图 4.12 在 y=130cm 的雾雨强度大小及延伸趋势可以看出，随着水垫深度的增大，横向扩散范围变化微小。

(4) 雾雨扩散面积(以 I=10mm/h 边界)随着水垫深度的增大而减小。

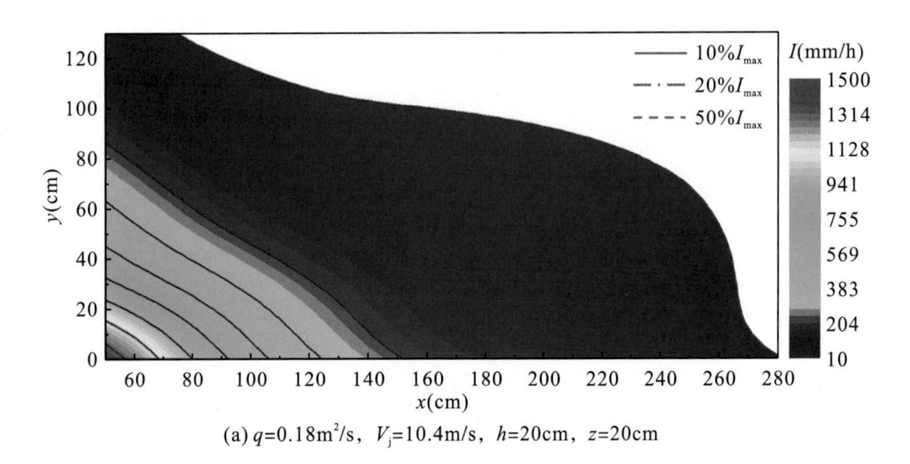

(a) q=0.18m^2/s，V_j=10.4m/s，h=20cm，z=20cm

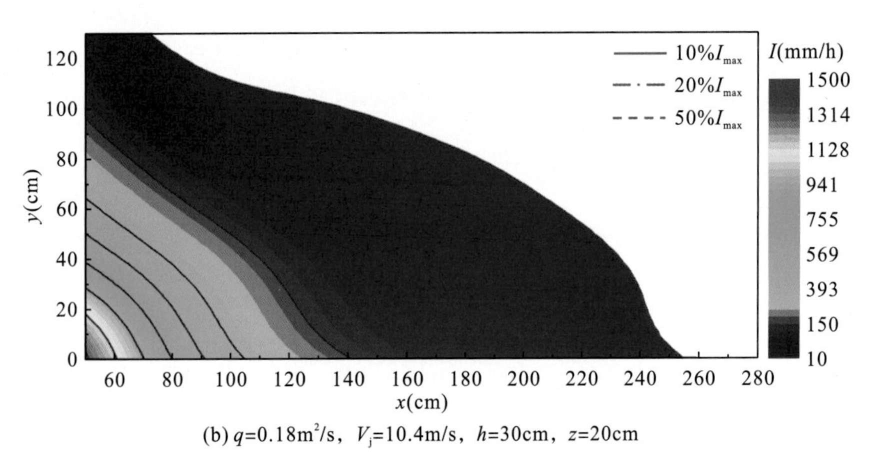

(b) q=0.18m^2/s，V_j=10.4m/s，h=30cm，z=20cm

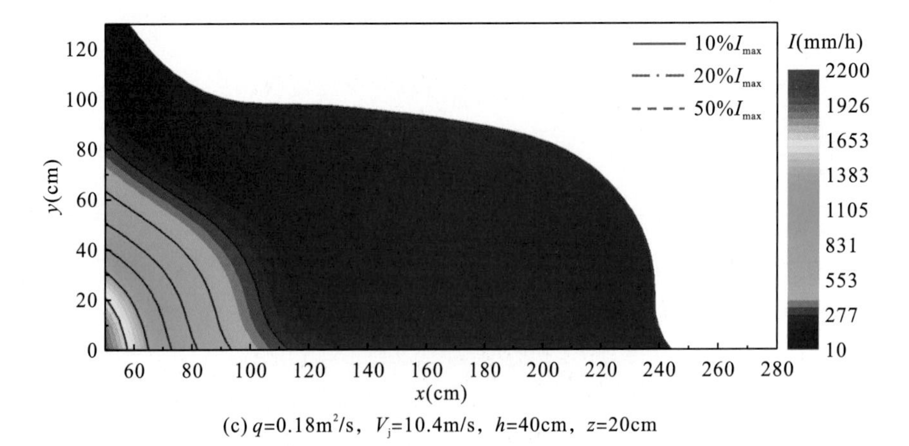

(c) q=0.18m^2/s，V_j=10.4m/s，h=40cm，z=20cm

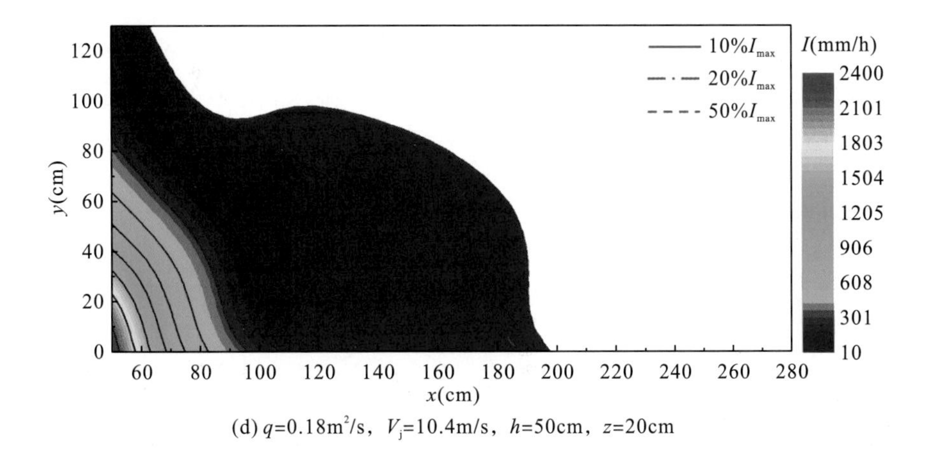

(d) q=0.18m²/s，V_j=10.4m/s，h=50cm，z=20cm

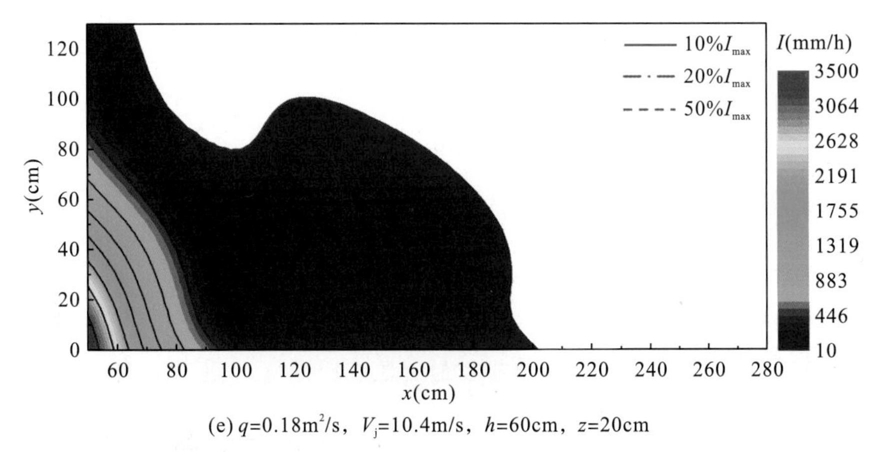

(e) q=0.18m²/s，V_j=10.4m/s，h=60cm，z=20cm

图 4.12　水垫深度对水平面内雾雨强度分布规律影响

4.3.2　水垫深度对跌流水舌入水激溅分布特征值的影响

1. 水垫深度对雾雨强度最大值的影响

图 4.13 为雾雨强度最大值 I_{max} 随水垫深度 h 的变化规律。从图中可以看出，在本实验测量范围内，雾雨强度最大值随水垫深度变化规律不一致，与水舌入水水力条件有关。

(1) 在水舌散裂程度较小时，雾雨强度最大值随水垫深度的增加先减小后增大，如水舌入水碰撞速度 V_j=8.3m/s、8.9m/s[图 4.13(a-1)、(b-1)、(c-1)、(a-2)、(b-2)、(c-2)]，最小值位于 h=30cm 或 40cm 处。分析其原因是水垫深度较小时，水舌与下游水槽底板碰撞剧烈，反弹起来水体较多，且多为水滴或水点形态；随着水垫深度的增大，水垫起到缓冲作用，激溅起来的水体减少，水块和水带的数量增多；之后随着水垫深度的进一步增加，激溅水体多为水块和水带，其体积大且抛射距离较近，因此集中落入距离水舌较近的量筒中，使得 I_{max} 值增大。

(2) 在水舌散裂程度较高时，雾雨强度最大值随水垫深度的增加变化不大[图 4.13(a-3)、(a-4)、(a-5)、(b-3)、(b-4)、(b-5)]。这是因为水舌单宽流量小，在高水头(入水流速)时散裂严重，水舌在入水前强烈掺气，已分散为水片甚至水束，碰撞时对下游水垫塘的冲击能量较为分散，使得浅水垫即可达到消能效果，此时水垫深度的增加对激溅影响不明显。

(3) 如图 4.13(c-1)～图 4.13(c-5) 所示，q=0.18m^2/s 时在各水舌入水流速下雾雨强度最大值均随水垫深度的增加先减小后增大，这是因为单宽流量较大，尽管在高水头(入水流速)下，水舌的散裂程度仍然相对较低。

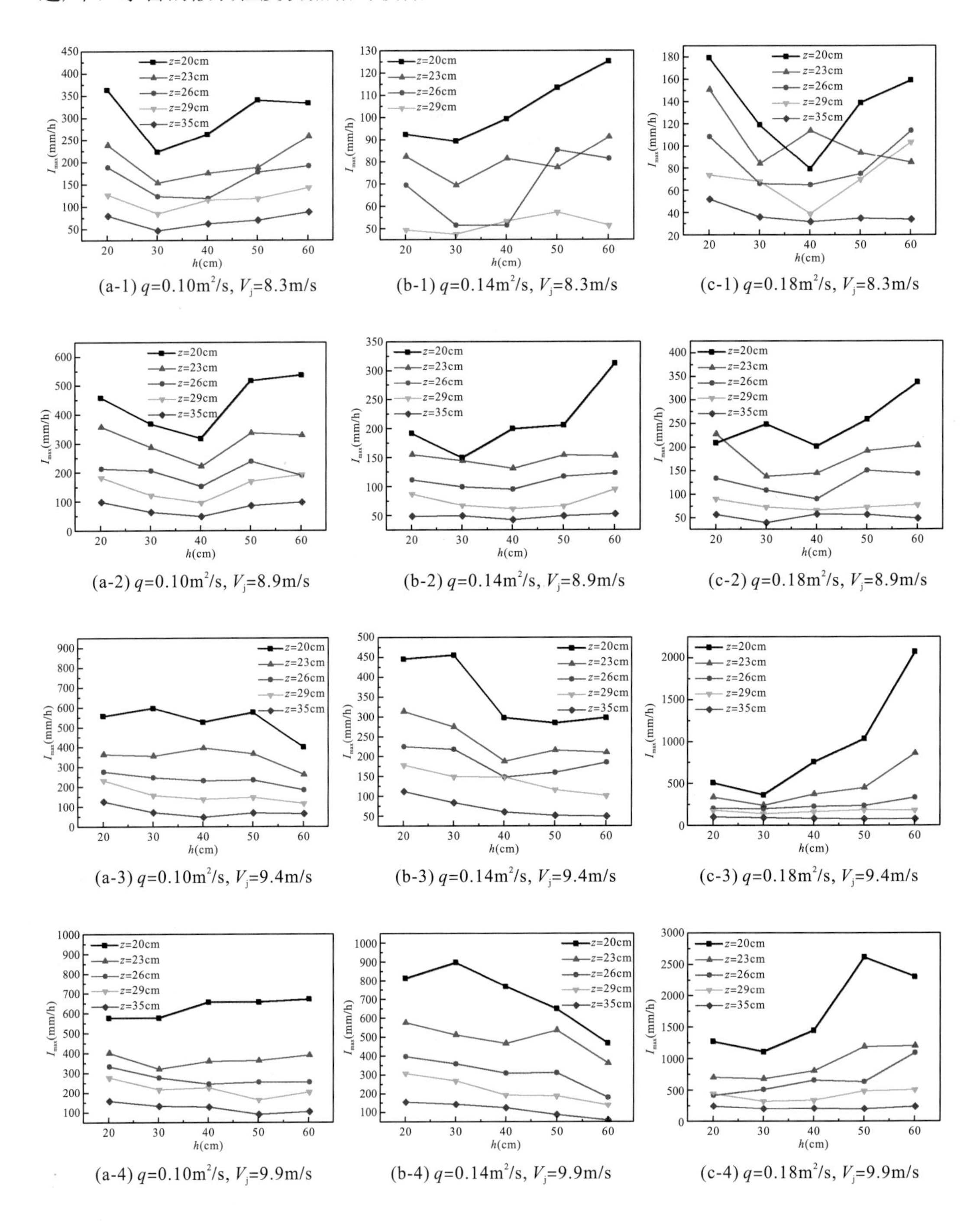

(a-1) q=0.10m^2/s, V_j=8.3m/s (b-1) q=0.14m^2/s, V_j=8.3m/s (c-1) q=0.18m^2/s, V_j=8.3m/s

(a-2) q=0.10m^2/s, V_j=8.9m/s (b-2) q=0.14m^2/s, V_j=8.9m/s (c-2) q=0.18m^2/s, V_j=8.9m/s

(a-3) q=0.10m^2/s, V_j=9.4m/s (b-3) q=0.14m^2/s, V_j=9.4m/s (c-3) q=0.18m^2/s, V_j=9.4m/s

(a-4) q=0.10m^2/s, V_j=9.9m/s (b-4) q=0.14m^2/s, V_j=9.9m/s (c-4) q=0.18m^2/s, V_j=9.9m/s

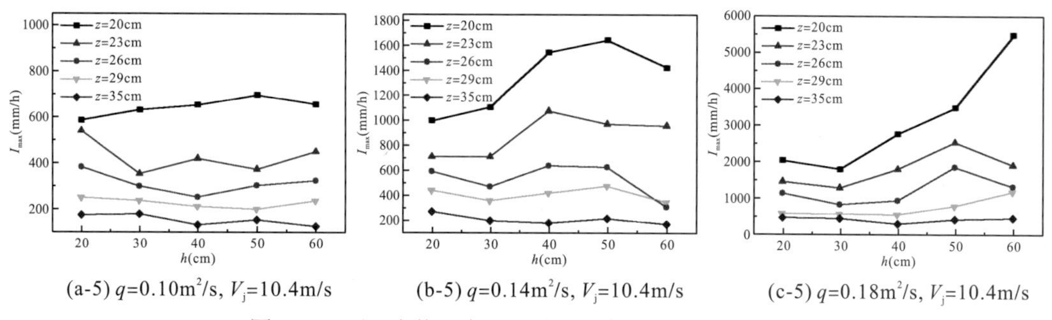

(a-5) q=0.10m²/s, V_j=10.4m/s　(b-5) q=0.14m²/s, V_j=10.4m/s　(c-5) q=0.18m²/s, V_j=10.4m/s

图 4.13　不同水垫深度 h 下雾雨强度最大值 I_{max} 变化图

2. 水垫深度对雾雨纵向扩散长度的影响

图 4.14 为纵向扩散长度 $L_{x50\%I_{max}}$ 随 h 变化而变化的规律，从图中可以看出，$L_{x50\%I_{max}}$ 随 h 的增加而减小；在浅水垫时，曲线变化曲率最大，随着 h 的增加变化曲率逐渐减小。随着水垫深度的增大，激溅水体中水丝、水块的数量比例增大，水滴、水点数量的比例减小，而纵向最远扩散长度主要取决于水滴和水点，因此纵向扩散范围随着水垫深度的增大而减小，当水垫增大到一定程度后，水垫深度对水体散裂形式分布的影响不显著。以 q=0.18m²/s，V_j=9.4m/s，z=20cm 为例，h=20cm、30cm、40cm、50cm、60cm 时，$L_{x50\%I_{max}}$ 分别为 74.8cm、69.1cm、57.7cm、56.2cm、55.8cm。

表 4.7 为纵向扩散长度 $L_{x50\%I_{max}}$ 在 h=20cm 与 h=60cm 的值。从表 4.7 可以看出，差值均为负值，表明在各工况下 h=60cm 的 $L_{x50\%I_{max}}$ 小于 h=20cm 的 $L_{x50\%I_{max}}$。二者间的差值范围在−19.0～−2.8cm。

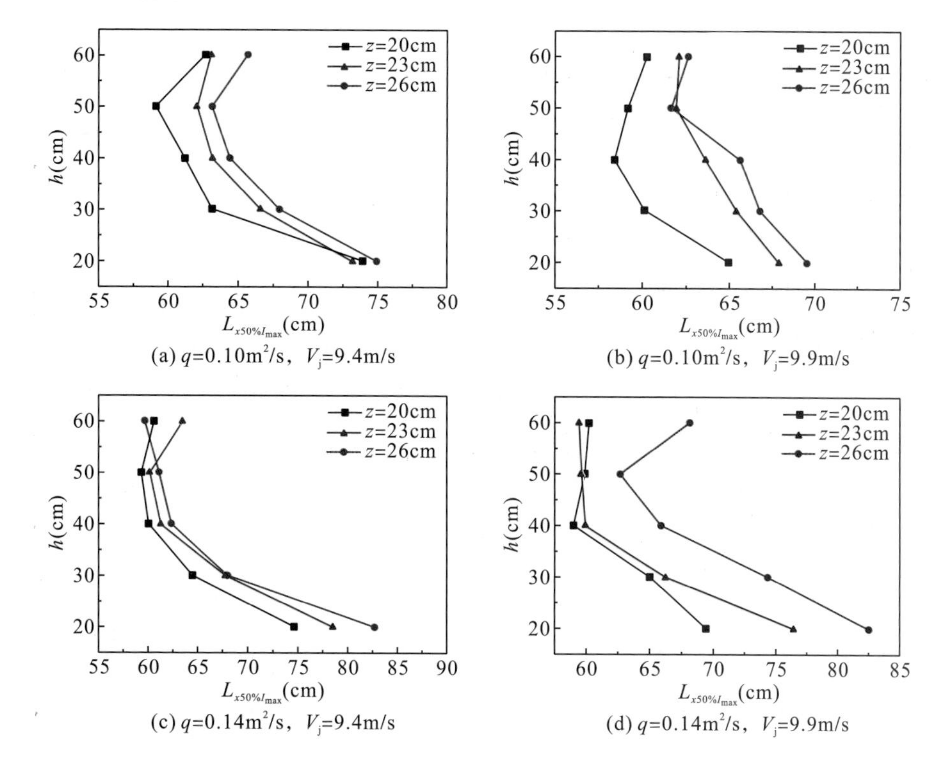

(a) q=0.10m²/s，V_j=9.4m/s　(b) q=0.10m²/s，V_j=9.9m/s

(c) q=0.14m²/s，V_j=9.4m/s　(d) q=0.14m²/s，V_j=9.9m/s

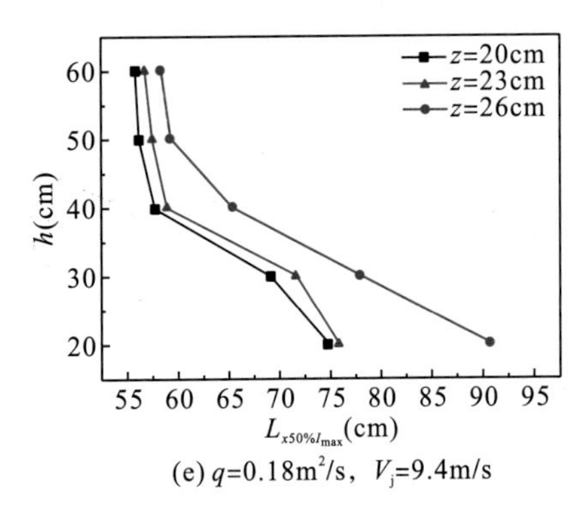

(e) q=0.18m²/s，V_j=9.4m/s

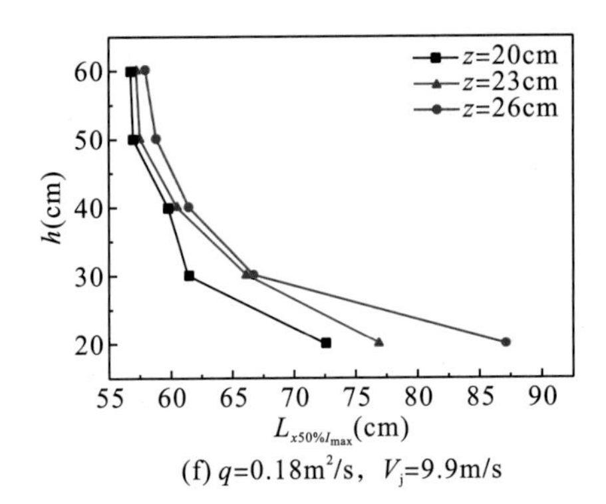

(f) q=0.18m²/s，V_j=9.9m/s

图 4.14 纵向扩散长度 $L_{x50\%I_{max}}$ 随 h 变化而变化的规律

表 4.7 纵向扩散长度 $L_{x50\%I_{max}}$ 随 h 变化的值(z=20cm)

q(m²/s)	h(cm)	$L_{x50\%I_{max}}$(cm)				
		V_j=8.3m/s	V_j=8.9m/s	V_j=9.4m/s	V_j=9.9m/s	V_j=10.4m/s
0.10	20	65.6	68.3	73.9	64.9	67.2
	60	62.8	60.0	62.7	60.2	60.0
	差值	−2.8	−8.3	−11.2	−4.7	−7.2
0.14	20	75.7	68.4	74.6	69.4	68.2
	60	59.3	59.4	60.5	60.2	58.0
	差值	−16.4	−9.0	−14.1	−9.2	−10.2
0.18	20	68.2	72.9	74.8	72.5	69.7
	60	59.3	57.9	55.8	56.7	57.7
	差值	−8.9	−15.0	−19.0	−15.8	−12.0

注：差值=$L_{x50\%I_{max}}$(h=60cm)−$L_{x50\%I_{max}}$(h=20cm)。

图 4.15 为纵向扩散长度 $L_{x10\%I_{max}}$ 随 h 变化规律，从图中可以看出 $L_{x10\%I_{max}}$ 随 h 的增加而减小，变化曲率也随之减小。以 q=0.18m²/s，V_j=9.4m/s，z=20cm 为例，h=20cm、30cm、40cm、50cm、60cm 时，$L_{x10\%I_{max}}$ 分别为 160.1cm、133.8cm、94.7cm、75.5cm、65.9cm，变化幅值为 94.2cm。

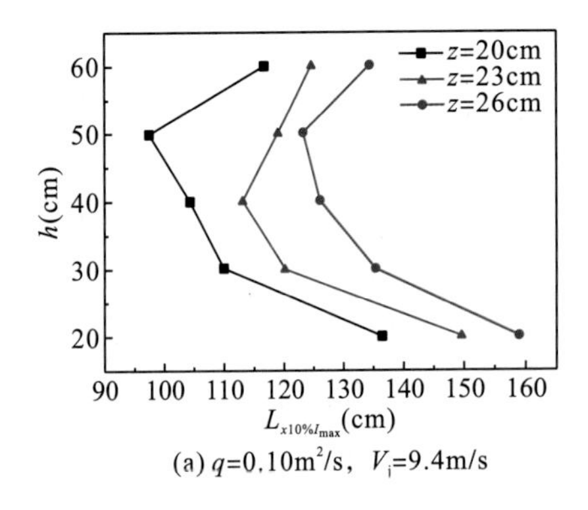

(a) q=0.10m²/s，V_j=9.4m/s

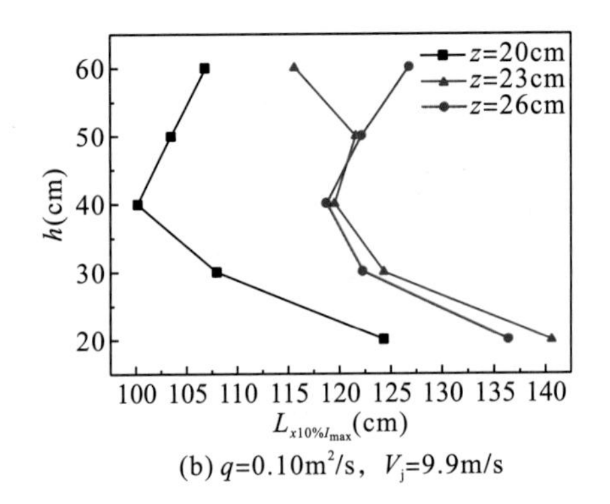

(b) q=0.10m²/s，V_j=9.9m/s

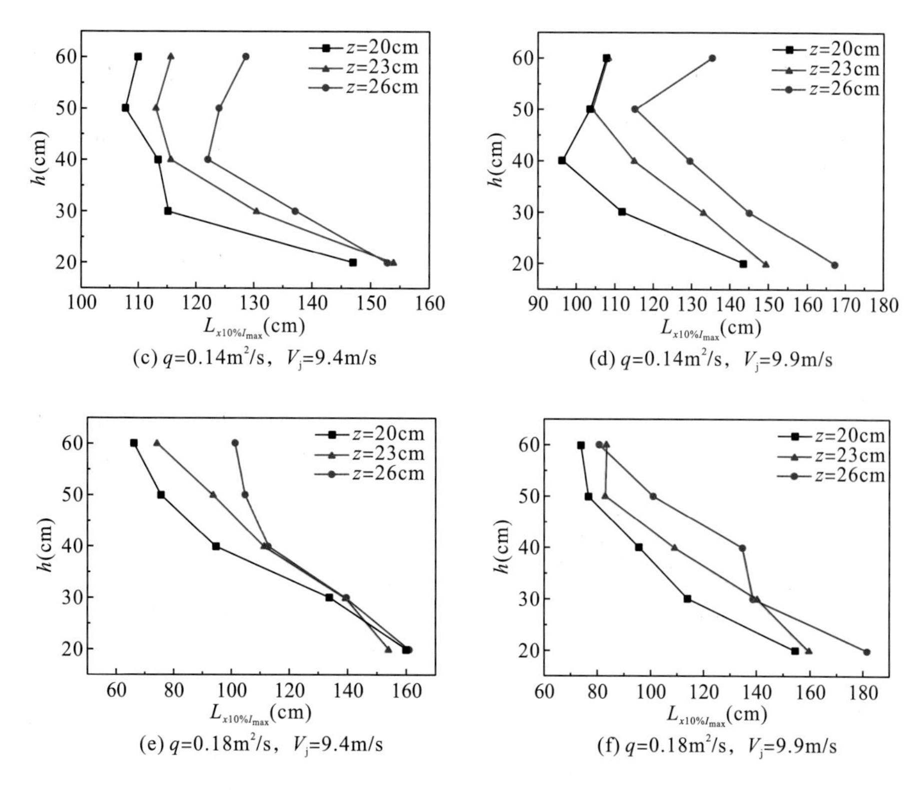

图 4.15　纵向扩散长度 $L_{x10\%I_{max}}$ 随 h 变化规律

表 4.8 为纵向扩散长度 $L_{x10\%I_{max}}$ 在 h=20cm 与 h=60cm 的值。从表 4.8 可以看出，除 q=0.10m^2/s，V_j=8.3m/s 外，其余情况下差值均为负值，即 h=60cm 的 $L_{x10\%I_{max}}$ 小于 h=20cm 的 $L_{x10\%I_{max}}$。当 q=0.10m^2/s 时差值的范围为−24.6～2.9cm，q=0.14m^2/s 时差值范围在−55.2～−14.8cm，q=0.18m^2/s 时差值范围在−94.2～−12.1cm，随着 q 的增大两者间的差距增大。

表 4.8　纵向扩散长度 $L_{x10\%I_{max}}$ 随 h 的变化值（z=20cm）

q(m^2/s)	h(cm)	$L_{x10\%I_{max}}$(cm)				
		V_j=8.3m/s	V_j=8.9m/s	V_j=9.4m/s	V_j=9.9m/s	V_j=10.4m/s
0.10	20	105.4	124.6	136.4	124.3	121.7
	60	108.3	111.6	116.4	106.8	97.1
	差值	2.9	−13.0	−20.0	−17.5	−24.6
0.14	20	131.8	122.6	146.9	143.5	146.3
	60	117.0	103.8	110.0	107.8	91.1
	差值	−14.8	−18.8	−36.9	−35.7	−55.2
0.18	20	122.3	133.3	160.1	154.4	140.8
	60	110.2	109.1	65.9	73.9	75.4
	差值	−12.1	−24.2	−94.2	−80.5	−65.4

注：差值=$L_{x10\%I_{max}}$(h=60cm)−$L_{x10\%I_{max}}$(h=20cm)。

3. 水垫深度对雾雨横向扩散宽度的影响

图 4.16 为横向扩散宽度 $L_{y10\%I_{max}}$ 随 h 变化规律，从图 4.16 可以看出，在相同工况的不同高度 z 下，$L_{y10\%I_{max}}$ 在不同 h 下变化幅值不大，表明 h 对横向扩散宽度 $L_{y10\%I_{max}}$ 的影响不明显，说明了水垫深度对激溅水体的偏转角影响不显著。以 q=0.18m^2/s，V_j=10.4m/s 为例，z=20cm 时 $L_{y10\%I_{max}}$ 变化幅值为 14.4cm，z=23cm 时为 14.8cm，z=26cm 时为 7.9cm。

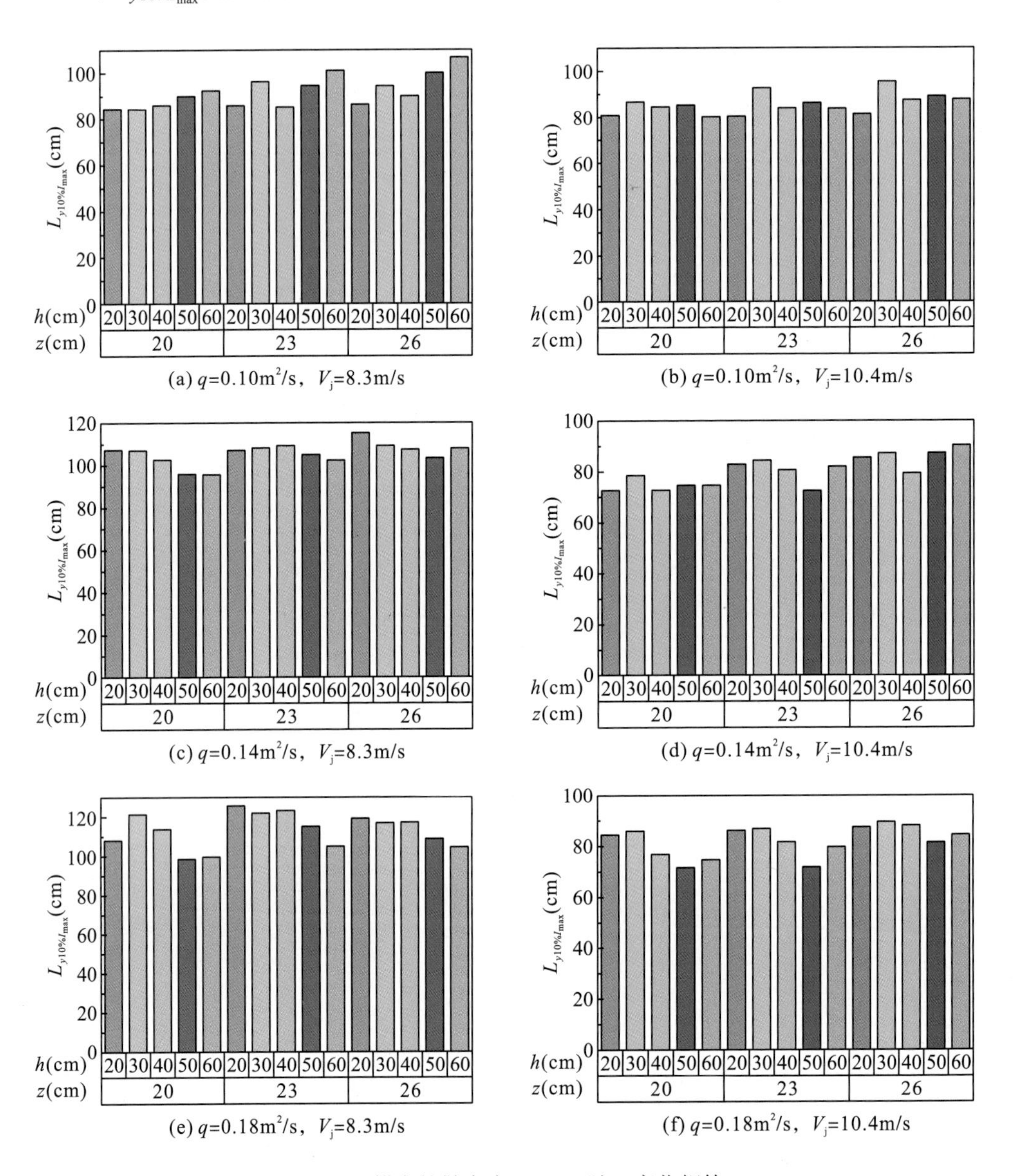

图 4.16　横向扩散宽度 $L_{y10\%I_{max}}$ 随 h 变化规律

表 4.9 为横向扩散宽度 $L_{y10\%I_{max}}$ 随 h 的宽度变化（Δy），表中统计的变化宽度为相同 q、V_j、z 下，各 h 下 $L_{y10\%I_{max}}$ 的最大值与最小值的差值。从表 4.9 可以看出，Δy 在 4.8～26.9cm，

随着 q 的增大有增大的趋势。在横向上雨量收集量筒的中心间距为 10cm(y=0～30cm)、15cm(y=30～90cm)、20cm(y=90～130cm)，$L_{y10\%I_{max}}$ 位于量筒横向间距 15cm 或 20cm 处，并且 $L_{y10\%I_{max}}$ 是通过插值得到的，而 Δy 变化值在 4.8～26.9cm，因此认为 h 对水垫深度的影响不明显。

表 4.9　横向扩散宽度 $L_{y10\%I_{max}}$ 随 h 的宽度变化(Δy)　（单位：cm）

V_j(m/s)	q=0.10m²/s			q=0.14m²/s			q=0.18m²/s		
	z=20cm	z=23cm	z=26cm	z=20cm	z=23cm	z=26cm	z=20cm	z=23cm	z=26cm
8.3	8.3	11.0	16.9	11.7	20.1	5.7	22.9	22.4	14.8
8.9	12.3	19.4	11.3	14.8	10.2	17.0	26.7	23.4	23.3
9.4	5.7	5.4	8.0	10.9	13.5	14.7	26.9	24.6	20.7
9.9	7.9	9.7	7.6	8.8	19.5	13.5	17.8	9.7	4.8
10.4	21.3	12.0	8.1	6.0	11.8	10.8	14.4	14.8	7.9

注：$\Delta y=\max[L_{y10\%I_{max}}(h_i)]-\min[L_{y10\%I_{max}}(h_i)]$，$h_i$ 为各水垫深度。

综上所述：雾雨强度分布的影响机理就是在冲击作用下的激溅特性，由于水垫深度变化时，相应的物理过程没有发生变化，所以激溅水体均是做反弹后的斜抛运动。不同水垫深度下激溅水体初始抛射速度、出射角度、形态、数目和大小有所不同，从而引起激溅雾雨强度和扩散范围不同，但激溅水体所形成的雾雨分布形状不会发生变化。水平面上雾雨强度最大值变化与水舌的散裂程度有关，当水舌散裂程度较低时，雾雨强度最大值随着水垫深度的增大先减小后增大，在某一水垫深度下存在雾雨强度极小值；当水舌散裂程度较高时，水垫深度变化对雾雨强度最大值影响不显著。随水垫深度的增大，纵向扩散长度呈单调递减的趋势，且变化曲率逐渐减小，横向扩散宽度变化不明显。

4.4　入水激溅区雾雨扩散成因分析

泄洪雾化是复杂的水-气两相流，其分布特征受水力因素、气象条件和地形条件综合作用影响。水舌入水激溅是跌流碰撞消能中最为主要的雾化源，但现今对这方面的认识还不够深入，需要进一步研究。本实验是在室内进行的，仅考虑水力因素对激溅雾化源的影响。单宽流量 q、上下游水头差 H、水垫深度 h 是影响水舌入水条件及碰撞条件最为主要的水力因素(图 4.17)，下面将结合本实验的实验结果对雾雨扩散成因进行分析。

雾雨强度分布的影响机理就是在冲击作用下的激溅特性，在各水力条件下，相应的物理过程没有发生变化，激溅水体均是做反弹后的斜抛运动。不同水力条件下激溅水体初始抛射速度、出射角度、形态、数目和大小有所不同，从而引起激溅雾雨强度和扩散范围不同，但激溅水体所形成的雾雨分布形状及在纵向、横向、垂向上的分布规律相同。

跌流水舌碰撞区下游激溅散裂形式(形状)不随各水力因素变化而变化，测量范围内均呈 1/4 椭圆分布，椭圆的中心点位于水舌碰撞中心点，通常情况下纵向长度大于横向宽度，雾雨强度最大值位于水舌碰撞中心点附近。

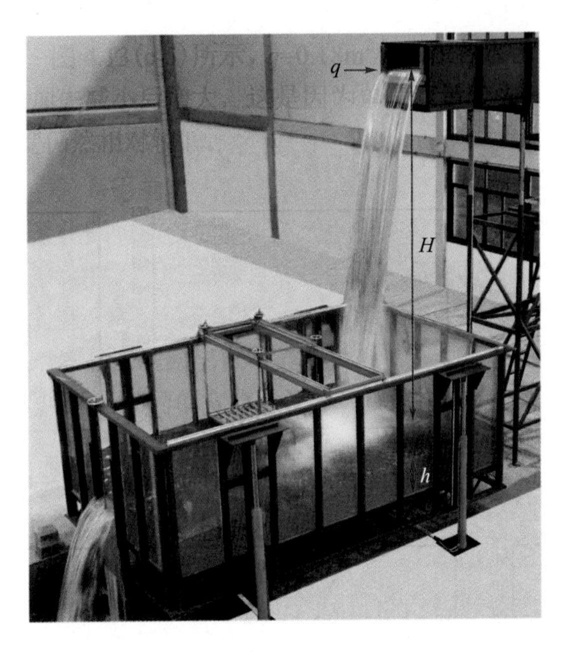

图 4.17 跌流水舌入水激溅主要影响水力参数示意图

4.4.1 单宽流量

单宽流量(*q*)主要影响水舌在空中的散裂状态，在其他条件相同的情况下，单宽流量越小，水舌越薄，掺气量越大，水舌连续性越差，散裂越为严重。本实验结果表明，单宽流量对泄洪雾化的影响并不像人们普遍认为的流量越大，雾雨强度越大。在低水舌入水流速下，单宽流量大的水舌整体性好，单宽流量小的水舌整体性差，致使较小流量下的水舌入水碰撞激溅雾雨强度反而更大。在高水舌入水流速下，各单宽流量下的水舌掺气、散裂严重，甚至散裂为水束，致使雾雨强度值随单宽流量的增大而增大。在浅水垫时，雾雨纵向扩散长度随 q 的增大而增大；在深水垫时，随 q 的增大而减小。在低 V_j 时，雾雨横向扩散宽度随着单宽流量的增大而增大；在高 V_j 时，单宽流量对横向扩散宽度影响不大。

4.4.2 上下游水头差

上下游水头差(*H*)是影响水舌入水流速最主要的因素，水舌入水流速与上下游水头差的 1/2 次方呈正相关。同时，水头差越大，水舌在空中的运动轨迹越长，掺气量越大，散裂越严重。雾雨强度值随水舌入水流速增大而增大，在小流量时增大缓慢，表现为线性增长，在大流量时增长速率随水舌入水流速的增大而增大，表现为指数型增长。雾雨纵向扩散长度随 V_j 增大呈先增大后减小的趋势，横向扩散宽度随入水流速的增大而减小，曲线的变化曲率也逐渐减小。

4.4.3 水垫深度

水垫深度(h)会影响水舌碰撞位置附近的流态，水舌入水后在水垫塘内形成淹没射流，当水垫深度较小时，水舌击穿深度大于水垫深度，射流流速在水深方向未得到充分衰减，在冲击水垫塘底部后折射向下游；当水垫塘深度足够大时，水舌击穿深度小于水垫深度，使得射流流速在水深方向充分衰减。当水舌散裂程度较低时，雾雨强度值随着水垫深度的增大先减小后增大，当水舌散裂程度较高时，雾雨强度值随水垫深度的变化不显著。雾雨纵向扩散长度随水垫深度增大而减小，浅水垫时，变化曲率大，深水垫时，变化曲率小。雾雨横向扩散宽度在各水垫深度下变化幅值较小，受水垫深度变化的影响不大。

4.5 本章小结

本章根据实验数据对跌流水舌入水激溅区雾雨扩散特性进行了详细分析，系统地研究了不同单宽流量、水舌入水速度和水垫深度对激溅散裂形式、雾雨强度最大值和扩散范围的影响，主要结论如下。

(1) 跌流水舌碰撞区下游激溅散裂形式(形状)不随各水力因素变化，测量范围内均呈 1/4 椭圆分布，椭圆的中心点位于水舌碰撞中心点，通常情况下纵向长度大于横向宽度，雾雨强度最大值位于水舌碰撞中心点附近。

(2) 平面内雾雨强度最大值：①平面内雾雨强度最大值随单宽流量没有统一的变化规律，与水舌的散裂程度有关，在低入水流速下，较小流量的雾雨强度最大值大于较大流量，在高入水流速下则相反。②平面内雾雨强度最大值随水舌入水流速的增大而增大，在单宽流量较小时增长速率基本一致，在单宽流量较大时变化曲线逐渐变陡，呈指数型增长。③在水舌散裂程度较低时，平面内雾雨强度最大值随水垫深度的增大先减小后增大；在水舌散裂程度较高时，基本不随水垫深度变化。

(3) 雾雨纵向扩散距离：①在浅水垫时，雾雨纵向扩散距离随单宽流量增大呈增大的趋势，在深水垫时，随单宽流量增大呈减小的趋势；②雾雨纵向扩散距离随水舌入水流速的增大先增大后减小，雾雨纵向扩散距离随水舌入水速度变化存在一个极大值，该极大值出现时对应的入水流速在各工况下有所不同；③雾雨纵向扩散距离随水垫深度的增大而减小，并且曲线的变化曲率逐渐减小。

(4) 雾雨横向扩散宽度：①在低入水流速下，雾雨横向扩散宽度随单宽流量的增大而增大，在高入水流速下，水舌散裂严重，单宽流量对横向扩散宽度影响不大，从整体上来看各单宽流量下横向扩散宽度的变幅不大；②雾雨横向扩散宽度随入水流速的增大而减小，曲线的变化曲率也逐渐减小，其雾雨横向扩散宽度变化值大于单宽流量变化所引起的变化值；③雾雨横向扩散宽度在各水垫深度下的变幅不大，受水垫深度影响不显著。

第 5 章　跌流水舌入水激溅区雾雨扩散预测方法

本章采用理论分析与物模实验数据相结合的方法，引入激溅扩散系数，建立雾雨强度空间分布的半理论半经验计算方法。通过对系列实验数据进行分析和拟合，得到跌流水舌入水激溅区雾雨强度分布在纵向、横向上的经验计算式，并从减小泄洪雾雨强度与扩散范围的角度，对工程提出建议。

5.1　概化分析模型

当下泄的水流离开泄水建筑物在空中运动时，由于空气与水舌的相互作用，水舌不断掺气形成掺气水舌，随着下落高度的增加，水舌厚度增大，散裂程度加剧。当水舌到达下游水垫塘水面时，水舌边缘基本上破碎为水束、水片、水块，甚至是水滴。

当水舌与下游水体发生碰撞后，水舌从碰撞点处将水体冲撞开，水舌以两种形式进入下游水体：①水舌的中心部分直接进入下游水体中，形成淹没射流；②水舌边缘破碎严重的水束、水块，下游水体较强的压弹效应使得其不能完全直接进入下游水体中，在碰撞后形成反弹，成为激溅水块和水滴，并向四周抛射出去，形成雾化流的溅水区。

溅水问题具有很强的随机性，水舌入水前的随机性、碰撞过程中的随机性、激溅水体的随机性，使得雾化问题相当复杂。激溅水滴的初始抛射速度和角度各不相同，因而运动轨迹和抛射距离都是不定的，只能概化为激溅的范围，但激溅轨迹近似为抛物线，因此可将水滴的激溅运动视为弹性刚体反弹后的斜抛运动。

为了对雾化范围及雾雨强度进行量化，前人通过理论分析与数学推导的方法建立了不同的泄洪雾化数学模型，主要包括水滴随机喷溅数学模型[36-38]和雨雾输运数学模型[39]，前者适用于激溅区的模拟，而后者主要用于雾化的中、远区域扩散问题。

5.1.1　水滴随机喷溅数学模型

水滴随机喷溅数学模型是应用最为广泛的数学模型，水滴的喷溅示意图如图 5.1 所示。在 $Oxyz$ 坐标系中，水滴从坐标原点 O 以初始抛射速度 u_0、出射角 α 和偏转角 φ 抛射出去，在空中运动时受到重力、空气阻力和浮力的共同作用。水滴运动的微分方程表示为

$$
\begin{aligned}
&\frac{\mathrm{d}x}{\mathrm{d}t}=u;\quad \frac{\mathrm{d}y}{\mathrm{d}t}=v;\quad \frac{\mathrm{d}z}{\mathrm{d}t}=w\\
&\frac{\mathrm{d}u}{\mathrm{d}t}=-C_f\frac{3\rho_a}{4d\rho_w}(u-u_f)\sqrt{(u-u_f)^2+(v-v_f)^2+(w-w_f)^2}\\
&\frac{\mathrm{d}v}{\mathrm{d}t}=-C_f\frac{3\rho_a}{4d\rho_w}(v-v_f)\sqrt{(u-u_f)^2+(v-v_f)^2+(w-w_f)^2}\\
&\frac{\mathrm{d}w}{\mathrm{d}t}=-C_f\frac{3\rho_a}{4d\rho_w}(w-w_f)\sqrt{(u-u_f)^2+(v-v_f)^2+(w-w_f)^2}+\frac{\rho_a-\rho_w}{\rho_w}g
\end{aligned}
\tag{5.1}
$$

式中，u、v、w 分别为水滴在 x、y、z 方向上的运动速度(m/s)；u_{f}、v_{f}、w_{f} 分别为水滴所处空间位置的风速(m/s)；d 为水滴粒径(mm)；ρ_{a} 和 ρ_{w} 分别为空气密度($\mathrm{kg/m^3}$)、水密度($\mathrm{kg/m^3}$)；C_{f} 为阻力系数；g 为重力加速度($\mathrm{m/s^2}$)。

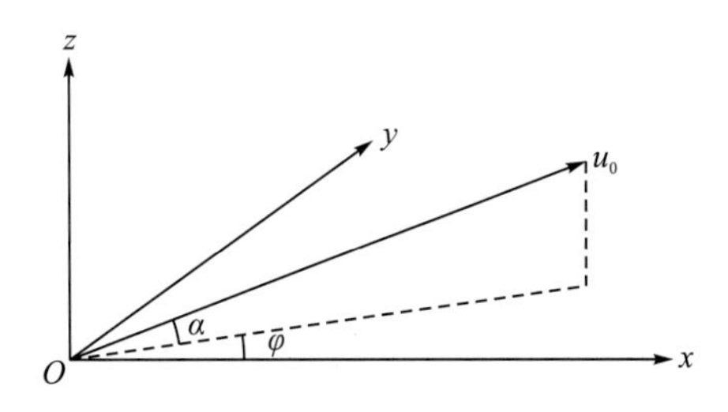

图 5.1　水滴喷溅示意图

求解式(5.1)需要给定水滴抛射的初始条件，水滴随机喷溅数学模型中常用的基本假设如下。

(1)水滴粒径 d 满足伽马分布。

$$
f(d)=\frac{1}{\lambda_1^{\gamma}\Gamma(\gamma)}d^{\gamma-1}\exp\left(-\frac{d}{\lambda_1}\right)
\tag{5.2}
$$

式中，γ 为常数，通常取值为 2；$\lambda_1=c_1\overline{d}$，$\overline{d}$ 为喷射粒径众值(m)，该值与入水速度、入水角度、含水浓度以及入水形态有关，一般取值为 0.003～0.006，c_1 为众值系数，通常取值为 0.5。

(2)水滴初始抛射速度 u_0 满足伽马分布。

$$
f(u_0)=\frac{1}{\lambda_2^{w}\Gamma(w)}u_0^{\,w-1}\exp\left(-\frac{u_0}{\lambda_2}\right)
\tag{5.3}
$$

式中，w 为常数，通常取值为 4；$\lambda_2=c_2\overline{u_0}$，$\overline{u_0}$ 为喷射速度众值(m/s)，c_2 为众值系数，通常取值为 0.25。

(3)水滴出射角 α 服从伽马分布。

$$
f(\tan\alpha)=\frac{1}{\lambda_3^{\varepsilon}\Gamma(\varepsilon)}(\tan\alpha)^{\varepsilon-1}\exp\left(-\frac{\tan\alpha}{\lambda_3}\right)
\tag{5.4}
$$

式中，ε 为常数，通常取值为 2；$\lambda_3=c_3\tan\overline{\alpha}$，$\overline{\alpha}$ 为出射角众值(°)，c_3 为众值系数。

(4)水滴偏转角 φ 满足正态分布。

$$f(\varphi)=\frac{1}{\sigma_{\varphi}\sqrt{2\pi}}\exp\left[-\frac{(\varphi-\overline{\varphi})^2}{2\sigma_{\varphi}^2}\right] \tag{5.5}$$

式中，$\overline{\varphi}$ 为偏转角众值(°)，一般地，坝身联合泄洪时取 0°，泄洪洞则根据平面扩散角度进行取值；σ_{φ} 为偏转角的均方差，σ_{φ} 取值为 20°～30°。

(5)水滴的初始抛射速度众值 u_{0mo} 和出射角众值 α_{mo}。

天津大学刘宣烈曾对李家峡水电站进行激溅物模实验[22,36]，换算到原型中，对应的水舌入水速度为 37～59m/s，入水角度范围为 15°～60°，水垫深度为 39～70m。他们认为激溅水滴的初始抛射速度 u_0 随射流入水碰撞速度 V_j 增大而增大，随入水角度减小而减小。水滴的初始抛射速度众值 u_{0mo} 可计算为

$$u_{0mo}=20+0.495V_{\mathrm{j}}-0.1\alpha-0.0008\alpha^2 \tag{5.6}$$

激溅水滴出射角 α 正比于射流入水碰撞速度 V_{j}，反比于水舌入水角度 θ，水滴出射角众值 α_{mo} 表示为

$$\alpha_{mo}=44+0.32V_{\mathrm{j}}-0.07\alpha \tag{5.7}$$

式中，角度以度(°)计。

(6)水滴激溅颗粒数量 n。

水舌入水激溅主要存在于水舌边缘，其厚度 B_c 为

$$B_c=\frac{c_4}{C}\sqrt{\frac{v_w R}{u_*}} \tag{5.8}$$

式中，c_4 为系数，可取为 25；C 为含水浓度，一般为 0.03；v_{w} 为水流运动黏滞系数($\mathrm{m^2/s}$)；R 为水力半径(m)；u_* 为摩阻流速(m/s)，$u_*=\sqrt{\tau/\rho_{\mathrm{w}}}$，其中 τ 为空气阻力，$\tau=0.5C_f\rho_a u_i^2$。

水舌入水激溅总流量 Q_{c} 可写为

$$Q_{\mathrm{c}}=c_5 B_c u_i l_{\mathrm{c}} \tag{5.9}$$

式中，c_5 为系数，c_5=0.01~0.03；l_{c} 为水舌入水前缘总长度(m)。

将水滴看作是平均粒径为 $\overline{d}$ 的球体，得到水滴激溅颗粒数量 n 为

$$n=\frac{6Q_{\mathrm{c}}}{\pi\overline{d}^3} \tag{5.10}$$

水滴的喷溅是一种随机的现象，该模型通常是以水滴直径、初始抛射速度、出射角、偏转角四个物理量为水滴运动初始条件，采用数值方法对每个水滴在空中的运动方程进行求解，每一步均计算水滴位置以判断水滴距离地面的高度，如果水滴距离地面高度小于零，则表示水滴在该时间步长内已落到地面，其水量累积到与着陆点相对应的网格中，以获得一段时间后各网格中累积到的雨量。

5.1.2 雾雨输运数学模型

2010 年，柳海涛等[39]提出了雾雨输运数学模型。该模型首先通过雾雨输运连续方程、动量方程求解雾雨浓度梯度。通过雨滴谱函数和水滴沉降速度等概念，建立雾雨强度与水雾浓度的关系式，从而得到雾雨强度。

1. 雾雨输运方程

大气运动方程(包括自然风和水舌风)：

$$\frac{\partial u_i}{\partial t}+u_j\frac{\partial u_i}{\partial x_j}=-\frac{1}{\rho_a}\frac{\partial p}{\partial x_i}+\frac{\partial}{\partial x_j}\left(v_t\frac{\partial u_i}{\partial x_j}\right) \tag{5.11}$$

大气连续方程：

$$\frac{\partial u_j}{\partial x_j}=0 \tag{5.12}$$

液态水含水浓度运动方程(水雾扩散方程)：

$$\frac{\partial C}{\partial t}+u_j\frac{\partial C}{\partial x_j}=\frac{\partial}{\partial x_j}\left(v_t\frac{\partial C}{\partial x_j}\right)+\omega\frac{\partial C}{\partial x_3}+m_1C \tag{5.13}$$

式中，x_j 为空间坐标(m)，j=1～3；u_j 为大气风速(m/s)；p 为大气压强(Pa)；ρ_a 为空气密度(kg/m^3)；t 为时间(s)；C 为含水浓度(g/m^3)；v_t 为紊动扩散系数(m^2/s)；ω 为雨滴群体沉降速度(m/s)，随水雾浓度变化；m_1 为衰减系数(s^{-1})。

2. 建立雾雨强度与水雾浓度间的关系式

单个水滴的沉降速度表达式为

$$u(d)=m_2d^{m_3} \tag{5.14}$$

式中，$u(d)$ 为水滴的沉降速度(m/s)；d 为水滴直径(mm)；m_2 和 m_3 为经验系数，根据相关实测资料，m_2=3.778，m_3=0.67。

雨滴谱粒径分布函数 $N(d)$ 采用 Γ-型雨滴谱表达式为

$$N(d)=N_0d^{m_4}\exp(-\Lambda d) \tag{5.15}$$

式中，$N(d)$ 为单位体积空间内某一粒径雨滴数密度(m^{-3}·mm^{-1})；N_0 为 300～300000 的常数；m_4 为经验系数，一般取−2～2 的整数；Λ为雨强系数，$\Lambda=4.1I^{-0.21}$，I 为雾雨强度(mm/h)。

若已知空间任一点的雨滴谱和沉降速度，则可得到此处的雾雨强度 I 为

$$I=\frac{0.0036m_2\pi N_0\Gamma(m_3+4+m_4)}{6\Lambda^{m_3+4+m_4}} \tag{5.16}$$

降雨区域，任一点的群体降落速度ω为

$$\omega=\frac{m_2\Gamma(m_3+4+m_4)}{\Gamma(4+m_4)}\left[\frac{6\times10^9C}{\pi N_0\Gamma(4+m_4)}\right]^{\frac{m_3}{4+m_4}} \tag{5.17}$$

数学模型中风场可采用计算流体力学软件计算，激溅区的降雨强度分布可采用随机溅水数学模型求解，这些计算可为雾雨输运计算提供风场及浓度边界，结合雾雨输运数学模型，即可对雾化全场进行预报。

对以上泄洪雾化数学模型分析表明，泄洪雾化效应与水舌散裂程度、入水速度及入水角度紧密相关，并受空气阻力、自然风、水舌风等多种因素影响。水舌散裂程度影响激溅水量的多少，水舌入水速度及入水角影响溅抛出射速度和角度，而溅抛出射速度和角度是

决定雾化范围最主要的因素。因此，本书基于系列实验数据分析，引入激溅扩散系数，结合非弹性碰撞动量方程，分别建立雾雨强度等值线特征出射角度、激溅扩散系数计算公式，计算获得不同散裂程度下抛射水相的运动轨迹，该运动轨迹代表雾雨强度分布等值线，从而可估算空间雾雨分布范围，下面将详细介绍本研究的雾雨强度等值线及范围计算方法。

实际情况下，激溅水滴抛射角度不仅存在于纵向，在横向也存在偏转。激溅水滴在空中受到重力、浮力和空气阻力共同作用，体积较大的水滴会进一步分裂为小水滴甚至更小的水点，其形状和大小在空中运动过程中是不断变化的。在本书中，将激溅水滴模型看作是二维的，不考虑激溅水滴在横向上偏转，仅考虑水滴在纵向和垂向所构成的 xOz 垂面上运动；忽略浮力、空气阻力对激溅水滴在空中运动的影响，将激溅水滴看作是仅在重力作用下的斜抛运动。理想化的水舌入水激溅抛射示意图如图 5.2 所示，其中 V_j 为射流入水碰撞速度(m/s)，θ 为水舌入水角度(与水平面夹角，°)，u_0 为水滴初始抛射速度(m/s)，α 为激溅水滴出射角(初始溅抛角度，°)。

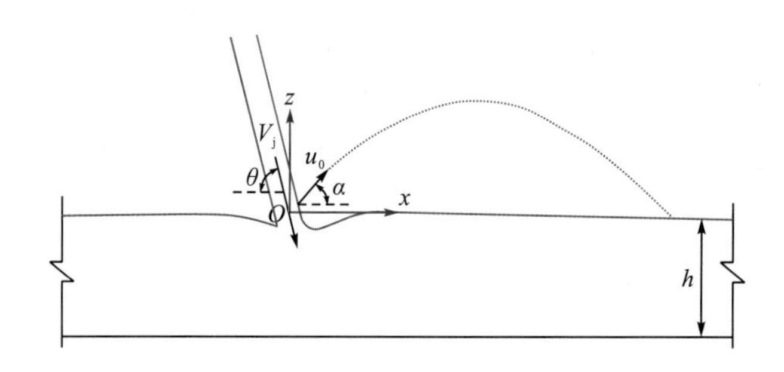

图 5.2 水舌入水激溅抛射示意图

尽管水滴的初始抛射速度和出射角度是随机的，但为了工程应用，本研究将采用确定的方法对跌流水舌入水激溅雾化问题进行分析。

水舌与下游水体碰撞后，下游水体较强的压弹效应使得水舌边缘的部分水体激溅起来，以水块、水滴等形态抛射出去，这一过程中激溅水体的碰撞为非弹性碰撞，即碰撞过程中存在能量损失，动量方程是不守恒的。激溅部分水体碰撞前后在 x 方向的动量方程为

$$KV_j\cos\theta = u_0\cos\alpha \tag{5.18}$$

式中，K 为激溅扩散系数，由于水舌与下游水体碰撞是非弹性的，并且碰撞位置的水体不断翻滚、涌动的，碰撞前后的形状也发生明显变化，因此二者间存在修正系数，K 与水舌入水前的散裂程度有关，通常说来散裂程度越大，K 越大。用 u_{0e} 和α_e 表征雾雨强度等值线的特征初始抛射速度(m/s)及角度(°)。

对于激溅水滴，忽略风、空气阻力、水滴二次分裂、水滴碰撞等影响，经过时间 t 后在 x 方向的运动距离为

$$x = u_0\cos\alpha\cdot t \tag{5.19}$$

z 方向的运动距离为

$$z = u_0\sin\alpha\cdot t - \frac{1}{2}gt^2 \tag{5.20}$$

联立式(5.19)和式(5.20)可得激溅水滴运动轨迹为

$$z = x\tan\alpha - \frac{1}{2}g\left(\frac{x}{u_0\cos\alpha}\right)^2 \tag{5.21}$$

激溅扩散范围与各抛射水滴的斜抛轨迹有关，因此对激溅扩散范围的求解转换为对特征抛射速度u_{0e}和特征出射角度α_e求解。物理模型实验中，对水舌入水激溅区空间各点的雾雨强度进行详细测量，各工况下测量空间范围有所不同，但只要量筒收集到溅水，则表明该量筒放置区域有激溅水滴进入。而激溅水滴又是以斜抛的方式进入雨量收集量筒中的，其运动轨迹主要取决于u_0和α，进而根据雨量收集的范围可判断u_{0e}和α_e的大致范围，同时，由u_{0e}和α_e构成的斜抛轨迹代表雾雨强度等值线。

为了获得各工况下激溅水滴的特征出射角α_e，本书研究水舌入水位置较近的 x=50～70cm 横断面上雾雨强度在垂向上的变化角度α_1，α_1的详细求解步骤见 4.2.2 节。图 5.3 为各单宽流量平均后的α_1与射流入水碰撞速度 V_j 关系，α_1 的范围为 2.9°～12.2°。从图 5.3 可以看出，α_1 随水垫深度的变化也不明显，随入水速度变化最为显著，呈先增大后减小的趋势，α_1 最大值位于 V_j=9.1m/s 处，为 11.25°。

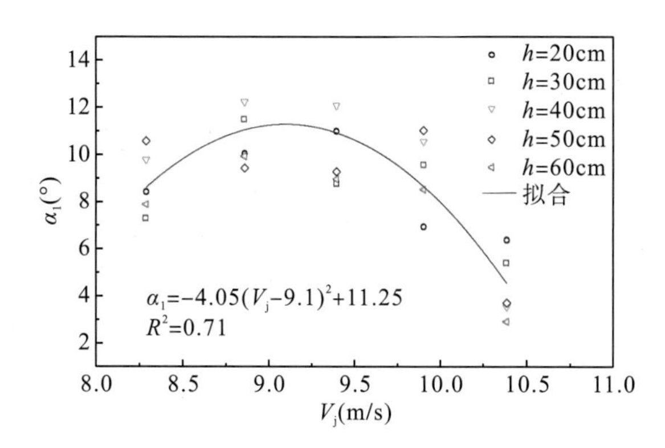

图 5.3　α_1与射流入水碰撞速度 V_j 关系

由于α_1是根据 x=50～70cm 横断面上雾雨强度在垂向上的变化求得的，其数值偏小，实际情况下，在激溅水滴抛射的最高点之前，随着水滴运动，水滴与水平面的角度是逐渐减小的，因此 x=50～70cm 处的角度小于水滴出射角，并且从整体来看，水点散裂形态为扇形，角度越大，轨迹越往上越能代表其抛射特征。图 5.4 为激溅出射角度示意图，在图示工况下，α_1=8.65°，α_e=4α_1=34.6°。从图中可以看出，由于α_1 角度太小，激溅水体没有抛射起来，并且距离水舌入水位置较近的区域还处于壅水区。将α_1 扩大 4 倍后，特征出射角度α_e处于溅抛区域，更能代表水体的溅抛特征。因此根据实验实际情况，将特征出射角度α_e取为α_1的 4 倍，即α_e=4α_1：

$$\alpha_e = -16.2\left(V_j - 9.1\right)^2 + 45 \tag{5.22}$$

式中，8.3m/s≤V_j≤10.4m/s；α_e 以度(°)计。

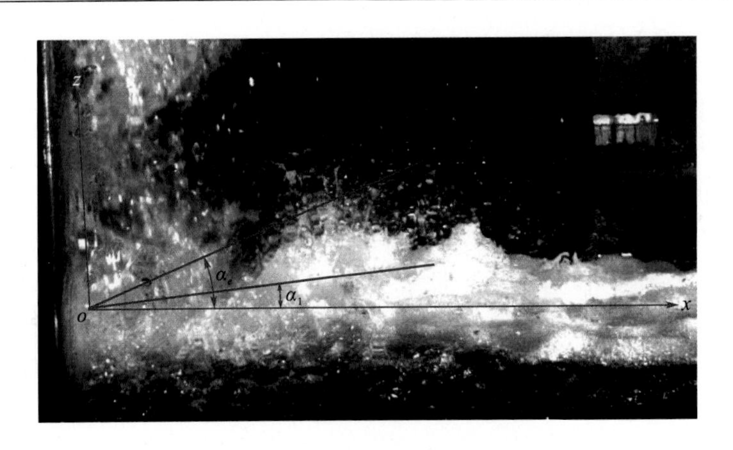

图 5.4 激溅出射角度示意图

根据式(5.22)计算出特征出射角α_e后，按照弹性碰撞动量方程$V_j\cos\theta = u_{0e}\cos\alpha_e$计算$u_{0e}$，对比式(5.18)有：$K=u_0/u_{0e}$。本研究中，$K$ 值结合实验测量数据确定：①首先在水舌中剖面(y=0)上(图 5.5)，找出同一 x 各 z 上雾雨强度最大值 $I_{\max}$，同一 x 下的各雾雨强度值 I_i 除以值 $I_{\max}$，得到雾雨强度在 xoz 垂面上的相对百分比 $P=I_i/I_{\max}\times100\%$，见图 5.6。在图 5.6 中，网格线交点($x$，$z$)上标示数值为雾雨强度在垂向上的百分比大小 P，从图中可以看出通常 $I_{\max}$ 位于水面上第一个测量高度处($z_{\min}$)，因此雾雨相对值为 100%，随着垂向高度增加，该数值减小。由于 z 到达一定高度后，雨量较小，实验不再进行测量，从图 5.6 可看出在该工况下，最大 z 平面上的雾雨强度值为最小 z 平面上雾雨强度值的 8%～17%。在 x=150～220cm 处，由于距离水舌入水位置较远，较高 z 平面下的雾雨强度值较小，未进行测量。②调整系数 K 以改变抛射特征轨迹，使得轨迹线穿过相应的雾雨相对值。由于激溅扩散的随机性，通过实验测量不能在 xOz 垂面上得到精确的雾雨等值线，只能得到大致的范围。

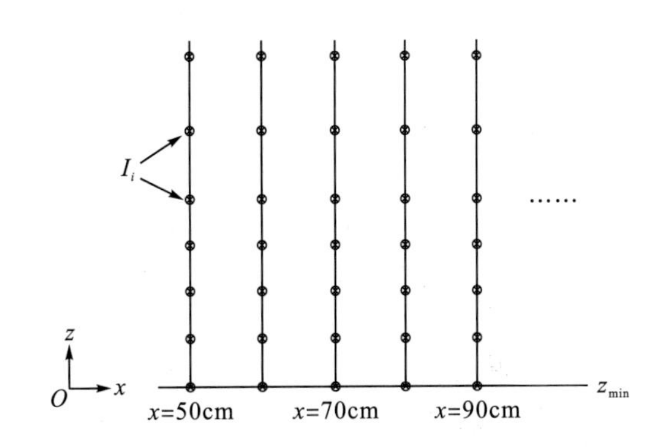

图 5.5 雾雨测点在 xOz 垂面的示意图

综上所述，雾雨强度相对值 P 不仅与水舌的来流条件 ψ 有关，还与特征出射角度α_e、激溅扩散系数 K 有关，并且在各空间位置下不同，即雾雨强度分布为

$$P(x,\ z)=f(\psi,\alpha_e,K,x,z) \tag{5.23}$$

本书将 $(80\pm20)\%I_{max}$、$(50\pm20)\%I_{max}$、$(20\pm20)\%I_{max}$ 作为雾雨等值线特征值。将轨迹线穿过 $(80\pm20)\%I_{max}$ 区域时的激溅扩散系数记为 K_1，穿过 $(50\pm20)\%I_{max}$ 区域时记为 K_2，穿过 $(20\pm20)\%I_{max}$ 区域时记为 K_3。因此只要知道 K_1、K_2、K_3 值，即可求得特征抛射轨迹，明确雾雨等值线位置，估算雾雨扩散范围。

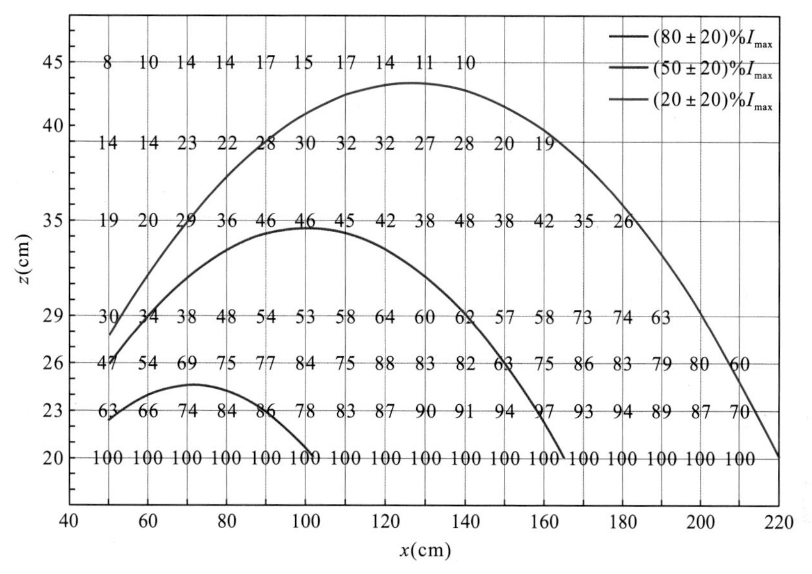

图 5.6　雾雨相对值及等值线示意图

注：网格上的数值为各 x 下的雾雨强度相对值 $P=I_i/I_{max}\times100\%$。

从图 5.6 可以看出，由于本书对 xOz 垂面同一 x 各 z 下的雾雨强度值进行归一化，而雾雨强度在垂向上沿程递减，因此最大值位于最小测量高度处，即图 5.6 中，z=20cm 时，雾雨强度相对值为 100%，在网格上标示为 100。斜抛轨迹运动也会经过此区域，当为 $(20\pm20)\%I_{max}$、$(50\pm20)\%I_{max}$ 等值线时与实验值不符。因此，本书中 $(20\pm20)\%I_{max}$、$(50\pm20)\%I_{max}$ 雾雨强度等值线不与垂向位置较低的雾雨强度相对值进行对比，只要垂向位置稍大的等值线与实验数据吻合，即说明该特征抛射轨迹线代表雾雨强度等值线。

5.2　水流条件对激溅扩散系数的影响规律

通过采用 5.1 节所述方法，对各工况下激溅扩散系数 K 进行求解，并列于表 5.1 中。当 V_j=8.3m/s，q=0.14m^2/s、0.18m^2/s 时，雾雨量整体较小，在较高垂向高度下雾雨量更小，因此实验未对雾雨强度进行测量，使得在实验测量最大 z 处的雾雨量相对百分比 P 仍大于 $(20\pm20)\%I_{max}$ 等值线，未求得 K_3 值。表 5.1 中 K_{avg} 表示 K_1、K_2、K_3 的平均值，$K_{avg}=(K_1+K_2+K_3)/3$；从表 5.1 中看出 K_{avg} 与 K_2 相差不大，当 K_3 不存在（未求得）时，取 $K_{avg}=K_2$。据表 5.1 统计，K_1 与 K_3 间的差值在 17%～37%，变化范围不大。图 5.7 为各工况下激溅扩散系数平均值 K_{avg} 分布规律。

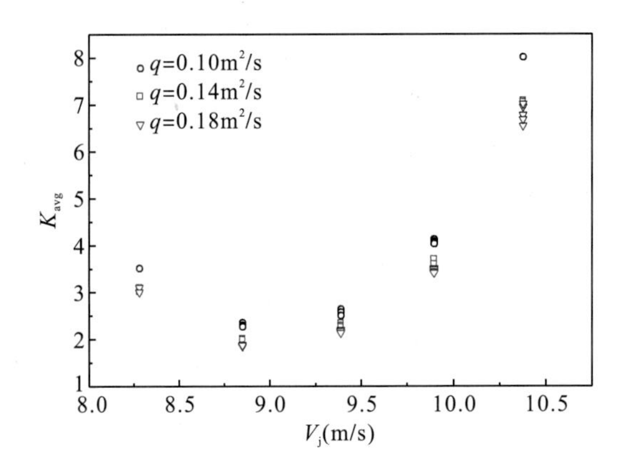

图 5.7 激溅扩散系数平均值 K_{avg} 分布规律

从表 5.1 和图 5.7 可以看出，在相同流量、入水流速及不同水垫深度下的 K_1、K_2、K_3、K_{avg} 变化微小，可以忽略不计，因此本研究认为水垫深度对激溅扩散系数没有影响。

随着单宽流量 q 的增大，激溅扩散系数有减小的趋势。这是因为流量越小，水舌散裂越严重，碰撞过程中能量损失越大，致使激溅扩散系数越大。当 V_j=8.3m/s，q 分别为 0.10m^2/s、0.14m^2/s、0.18m^2/s 时，K_{avg} 分别为 3.51、3.10、3.00，差值为 15.7%；当 V_j=10.4m/s 时，K_{avg} 分别为 8.00、7.00、6.70，差值为 17.7%。各流量下 K_{avg} 的差值范围为 12%～22%，流量对激溅系数的影响不显著。

随着水舌入水流速 V_j 的增大，激溅扩散系数呈先减小后增大的趋势。以 q=0.10m^2/s 为例，当 V_j 从 8.3m/s 增大到 10.4m/s 时，K_{avg} 分别为 3.51、2.53、2.50、3.70、8.00，最小值出现在 V_j=8.9m/s 与 9.4m/s 之间，最大值出现 V_j=10.4m/s 处，最大值约为最小值的 3.2 倍，远大于流量对激溅扩散系数的影响。

综上所述，本书认为激溅扩散系数主要受水舌入水速度影响，受流量影响微小，不受水垫深度影响。

表 5.1 雾雨激溅扩散系数统计表

V_j(m/s)	h(cm)	q=0.10m^2/s				q=0.14m^2/s				q=0.18m^2/s			
		K_1	K_2	K_3	K_{avg}	K_1	K_2	K_3	K_{avg}	K_1	K_2	K_3	K_{avg}
8.3	20	3.10	3.50	3.92	3.51	2.60	3.10	—	3.10	2.50	3.10	—	3.10
	30	3.10	3.50	3.92	3.51	2.60	3.00	—	3.00	2.50	3.00	—	3.00
	40	3.10	3.50	3.92	3.51	2.60	3.00	—	3.00	2.60	3.00	—	3.00
	50	3.10	3.50	3.92	3.51	2.60	3.10	—	3.10	2.60	3.00	—	3.00
	60	3.10	3.50	3.92	3.51	2.60	3.10	—	3.10	2.60	3.00	—	3.00
8.9	20	2.07	2.30	2.67	2.35	1.80	2.03	2.20	2.01	1.71	1.89	2.03	1.88
	30	2.07	2.30	2.50	2.29	1.80	2.03	2.20	2.01	1.67	1.85	2.03	1.85
	40	2.07	2.25	2.50	2.27	1.80	2.03	2.20	2.01	1.71	1.85	2.03	1.86
	50	2.07	2.25	2.50	2.27	1.80	1.98	2.20	1.99	1.71	1.85	2.03	1.86
	60	2.07	2.21	2.50	2.26	1.80	1.98	2.20	1.99	1.71	1.85	2.03	1.86

续表

V_j(m/s)	h(cm)	q=0.10m²/s				q=0.14m²/s				q=0.18m²/s			
		K_1	K_2	K_3	K_{avg}	K_1	K_2	K_3	K_{avg}	K_1	K_2	K_3	K_{avg}
9.4	20	2.35	2.55	3.00	2.63	2.05	2.30	2.67	2.34	1.90	2.20	2.47	2.19
	30	2.35	2.50	2.85	2.57	2.05	2.20	2.60	2.28	1.90	2.20	2.47	2.19
	40	2.30	2.45	2.75	2.50	2.05	2.20	2.50	2.25	1.90	2.10	2.47	2.16
	50	2.30	2.45	2.75	2.50	2.05	2.20	2.50	2.25	1.90	2.15	2.47	2.17
	60	2.30	2.45	2.75	2.50	2.05	2.20	2.50	2.25	1.90	2.10	2.40	2.13
9.9	20	3.63	4.07	4.66	4.12	3.19	3.63	4.29	3.70	2.97	3.54	4.02	3.51
	30	3.63	4.02	4.62	4.09	3.19	3.52	4.09	3.60	2.97	3.52	3.96	3.48
	40	3.63	3.96	4.62	4.07	3.19	3.52	4.09	3.60	3.08	3.41	3.96	3.48
	50	3.63	3.91	4.62	4.05	3.19	3.52	4.09	3.60	2.97	3.41	3.96	3.45
	60	3.63	3.91	4.57	4.03	3.19	3.52	4.09	3.60	2.97	3.30	3.96	3.41
10.4	20	7.00	8.00	9.00	8.00	6.20	7.00	8.00	7.07	6.00	6.80	8.00	6.93
	30	7.00	8.00	9.00	8.00	6.20	6.80	8.00	7.00	6.00	7.00	8.00	7.00
	40	7.00	8.00	9.00	8.00	6.20	6.80	8.00	7.00	5.60	6.20	7.80	6.53
	50	7.00	8.00	9.00	8.00	6.20	7.00	8.00	7.07	5.50	6.80	8.00	6.77
	60	7.00	8.00	9.00	8.00	6.20	6.90	8.00	7.03	5.50	6.50	8.00	6.67

注：“—”代表雾雨强度太小，实验未进行测量，因此未获得相应的 K_3。

5.3　雾雨强度分布与扩散范围计算方法

5.3.1　雾雨强度纵向分布

从 3.2.2 节可知，自跌流水舌碰撞中心点下游 50cm(x=50cm)往下的测量范围，雾雨强度沿纵向沿程递减。在靠近水舌碰撞点位置，雾雨强度变化梯度大，在下游远离水舌碰撞点的区域，变化梯度小，纵向雾雨强度曲线变化曲率沿程减小。各工况下、各 y 上、各 z 上的纵向雾雨强度变化规律相同，只是雾雨强度值及曲线的变化曲率有所不同，符合式(3.1)。

图 5.8 为本实验所有工况(75 个)下，中轴线(y=0cm)、垂向高度 z=20cm 上的雾雨强度在纵向上的分布点及拟合曲线。该数据点共 1011 个，从图 5.8 可以看出，在本实验测量范围内，各水舌入水速度下雾雨强度均自上游向下游沿程递减，变化趋势线由陡到缓，变化曲率逐渐减小。水舌中轴线上，位于上游测量的第一排量筒中心位置雾雨强度最大，第二排量筒的雾雨强度值为第一排量筒的 15%～88%，下游末端的雾雨强度相对值趋于 0。各工况下，纵向雾雨强度分布变化趋势一致，各数据点位于拟合曲线附近，相关系数 R^2=0.7934。数据点具有一定的离散性，考虑到该数据点是在各水力条件(单宽流量、入水流速、水垫深度)下得到的，同时激溅水体本身具有随机性，实验测量也存在仪器误差和人为读数误差，因此认为该拟合曲线与实验数据相符合，得到的纵向雾雨强度分布经验计算式为

$$\frac{I}{I_{\max}}=1.61\left(\frac{x}{L_0}\right)^{-0.73}\exp\left(-2.69\frac{x}{L_0}\right) \tag{5.24}$$

式中，I 为各点的雾雨强度值(mm/h)；$I_{\max}$ 为同一条纵轴线上雾雨强度的最大值(mm/h)；L_0 为跌坝至水舌碰撞中心点的纵向距离(m)。公式(5.24)的适用范围为：V_j=8.3～10.4m/s，入水角度θ=81.7°～84.8°，x/L_0=0.42～2.2。

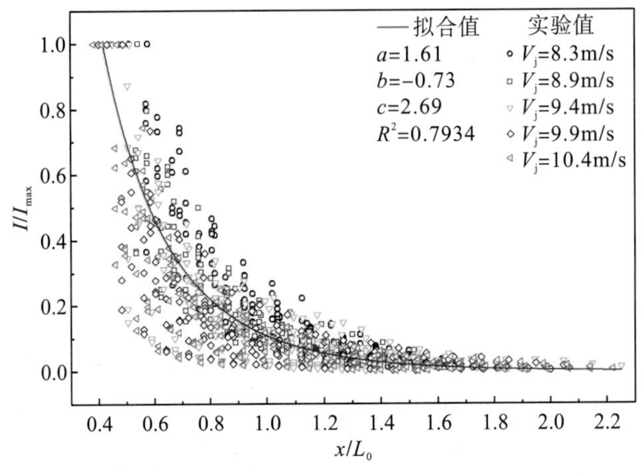

图 5.8　雾雨强度纵向分布拟合(y=0cm，z=20cm)

5.3.2　雾雨强度横向分布

从 3.2.3 节可知，自跌流水舌碰撞中心点下游 50cm(x=50cm)往下的测量范围，在横向上，雾雨强度最大值位于水舌中轴线上或偏离水舌中轴线 30cm 的范围内，因此雾雨强度自水舌中轴线至水槽边壁呈递减或先增大后减小的趋势。从横向一半区域来看，雾雨强度分布为高斯分布，从整个横向宽度来看，雾雨强度分布为单峰分布或双峰分布，不同水力条件及位置下有所不同。各工况下、x、z 上的横向雾雨强度变化规律相同，符合式(3.2)。

图 5.9 为本实验所有工况下，纵向位置 x=60cm、垂向高度 z=20cm 上的雾雨强度在横向上的分布点及拟合曲线。该数据点共 750 个，由于在横向上测量的 10 个测点相对于水舌中轴线固定，并且水舌为二元水舌，横向扩散宽度在空中运动时沿程不发生改变，因此在横向上各工况下的数据点相对于水舌半宽的相对位置相同。对于同一横向位置 y，$I/I_{\max}$ 在一定范围内波动，例如在 z=20cm、x=60cm，$y/(b_0/2)$=0 时，$I/I_{\max}$ 为 0.38；$y/(b_0/2)$=1.10 时，$I/I_{\max}$ 为 0.58；$y/(b_0/2)$=3.15 时，$I/I_{\max}$ 为 0.07。从图 5.9 散点整体上来看，雾雨强度在横向上的峰值偏离水舌中轴线，因此在整个横向宽度上雾雨强度为双峰分布。各工况下，雾雨强度分布在横向上的变化趋势大致相同，各数据点位于拟合曲线附近，相关系数 R^2=0.8812。在靠近水舌中轴线附近位置，拟合值较实验值整体偏大；在靠近下游水槽边壁位置，拟合值较实验值整体偏小。横向雾雨强度分布经验计算式为

$$\frac{I}{I_{\max}}=\exp\left[-0.6\left(\frac{y}{b_0/2}-0.2\right)^2\right] \tag{5.25}$$

式中，I 为各点的雾雨强度值(mm/h)；I_{max} 为同一横断面上雾雨强度最大值(mm/h)；$b_0/2$ 为跌流水舌入水宽度的一半(m)。公式(5.25)的适用范围为：V_j=8.3～10.4m/s，θ=81.7°～84.8°，横向宽度 $y/(b_0/2)$=0～3.15。

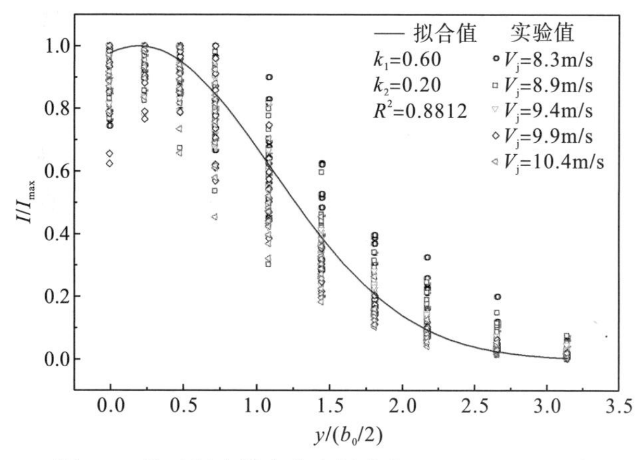

图 5.9　雾雨强度横向分布拟合(x=60cm，z=20cm)

5.3.3　雾雨强度垂向等值线及分布范围计算方法

从 5.2 节可知，激溅扩散系数主要受射流入水碰撞速度 V_j 影响，受单宽流量 q 影响微小，不受水垫深度的影响。根据表 5.1 数据统计，K_2 与 K_{avg} 差值在 0～5%，大多数情况下小于 3%，并且 $K_1 < K_2 < K_3$，因此选择表征雾雨强度(50±20)%I_{max} 的激溅扩散系数 K_2 进行拟合。图 5.10 为激溅扩散系数 K_2 与 V_j 的关系，从图中可以看出 K_2 随 V_j 增大呈先减小后增大的趋势，相同 V_j 不同 q 下 K_2 差距微小，K_2 随 V_j 变化符合二次函数的关系：

$$K_2 = 2.65\left(V_j - 9\right)^2 + 1.84 \tag{5.26}$$

式中，K_2 为表征雾雨强度(50±20)%I_{max} 对应的激溅扩散系数，V_j 为水舌入水速度(m/s)，V_j 的适用范围为 8.3～10.4m/s。

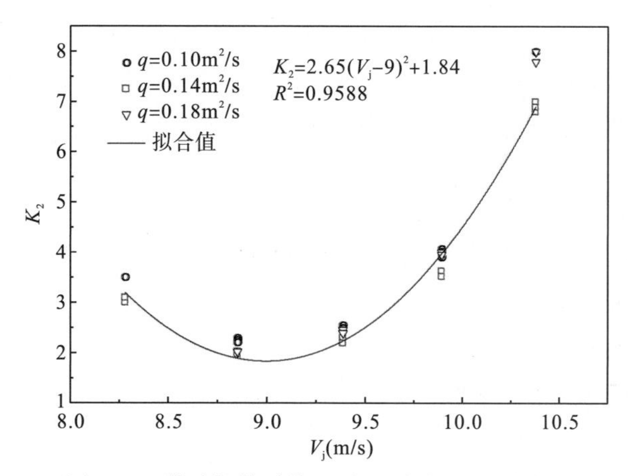

图 5.10　激溅扩散系数 K_2 与 V_j 的拟合关系曲线

表 5.2 为各工况下激溅扩散系数 K_1、K_3 与 K_2 的比值，从中可以看出，K_1/K_2 值范围为 0.81～0.94，K_3/K_2 范围为 1.08～1.26，且主要集中在 1.10～1.18，表明对应各雾雨等值线的激溅扩散系数变化范围不大，将各工况下的 K_1/K_2、K_3/K_2 值平均得到 r_1=Average[K_1/K_2]=0.89，r_2=Average[K_3/K_2]=1.14。

表 5.2 激溅扩散系数相对比值

V_j(m/s)	h(cm)	q=0.10m²/s			q=0.14m²/s			q=0.18m²/s		
		K_2	K_1/K_2	K_3/K_2	K_2	K_1/K_2	K_3/K_2	K_2	K_1/K_2	K_3/K_2
8.3	20	3.50	0.89	1.12	3.10	0.84	—	3.10	0.81	—
	30	3.50	0.89	1.12	3.00	0.87	—	3.00	0.83	—
	40	3.50	0.89	1.12	3.00	0.87	—	3.00	0.87	—
	50	3.50	0.89	1.12	3.10	0.84	—	3.00	0.87	—
	60	3.50	0.89	1.12	3.10	0.84	—	3.00	0.87	—
8.9	20	2.30	0.90	1.16	2.03	0.89	1.08	1.89	0.90	1.08
	30	2.30	0.90	1.09	2.03	0.89	1.08	1.85	0.90	1.10
	40	2.25	0.92	1.11	2.03	0.89	1.08	1.85	0.93	1.10
	50	2.25	0.92	1.11	1.98	0.91	1.11	1.85	0.93	1.10
	60	2.21	0.94	1.13	1.98	0.91	1.11	1.85	0.93	1.10
9.4	20	2.55	0.92	1.18	2.30	0.89	1.16	2.20	0.86	1.12
	30	2.50	0.94	1.14	2.20	0.93	1.18	2.20	0.86	1.12
	40	2.45	0.94	1.12	2.20	0.93	1.14	2.10	0.90	1.18
	50	2.45	0.94	1.12	2.20	0.93	1.14	2.15	0.88	1.15
	60	2.45	0.94	1.12	2.20	0.93	1.14	2.10	0.90	1.14
9.9	20	4.07	0.89	1.15	3.63	0.88	1.18	3.54	0.84	1.13
	30	4.02	0.90	1.15	3.52	0.91	1.16	3.52	0.84	1.13
	40	3.96	0.92	1.17	3.52	0.91	1.16	3.41	0.90	1.16
	50	3.91	0.93	1.18	3.52	0.91	1.16	3.41	0.87	1.16
	60	3.91	0.93	1.17	3.52	0.91	1.16	3.30	0.90	1.20
10.4	20	8.00	0.88	1.13	7.00	0.89	1.14	6.80	0.88	1.18
	30	8.00	0.88	1.13	6.80	0.91	1.18	7.00	0.86	1.14
	40	8.00	0.88	1.13	6.80	0.91	1.18	6.20	0.90	1.26
	50	8.00	0.88	1.13	7.00	0.89	1.14	6.80	0.81	1.18
	60	8.00	0.88	1.13	6.90	0.90	1.16	6.50	0.85	1.23

注：“—”代表雾雨强度太小，实验未进行测量，因此未获得相应的 K_3。

本方法计算步骤如下。

(1) 根据上下游水头差 H 计算水舌入水速度 $V_j=\sqrt{2gH}$，根据上游水槽平稳段堰上水头 h' 计算跌流水舌轨迹 $x'/h'=2.155(z'/h'+1)^{1/2.33}-1$，从而推算水舌入水角度 $\theta=\mathrm{ATAN}\left(\Delta z'_j/\Delta x'_j\right)$；

(2)将 V_j 代入方程 $\alpha_e=-16.2\left(V_j-9.1\right)^2+45$ 中，计算特征出射角 α_e；

(3)计算激溅扩散系数：$K_2=2.65\left(V_j-9\right)^2+1.84$，$K_1=0.89K_2$，$K_3=1.14K_2$；

(4)将激溅扩散系数 K_1、K_2、K_3（分别代入）、V_j 及特征出射角 α_e 代入非弹性碰撞动量方程 $KV_j\cos\theta=u_{0e}\cos\alpha_e$ 中，求得特征出射速度 u_{0e}；

(5)根据特征出射角 α_e 和特征出射速度 u_{0e}，得到特征轨迹线 $z=x\tan\alpha_e-\frac{1}{2}g\left(\frac{x}{u_{0e}\cos\alpha_e}\right)^2$；

(6)由 K_1、K_2、K_3 计算的特征轨迹线分别代表 $(80\pm20)\%I_{max}$、$(50\pm20)\%I_{max}$、$(20\pm20)\%I_{max}$ 雾雨强度等值线，即 $f(x,z)_{K_1}=(80\pm20)\%I_{max}$，$f(x,z)_{K_2}=(50\pm20)\%I_{max}$，$f(x,z)_{K_3}=(20\pm20)\%I_{max}$；

(7)根据各特征等值线得到空间不同雾雨强度的分布范围。

图 5.11 即为用本研究方法计算的雾雨强度等值线与实验值的对比。由于激溅的随机性及实验测量存在误差，因此无法得到精确的雾雨强度等值线，只能得到粗略范围。从图 5.11 可以看出，由于本书对 xOz 垂面同一 x 各 z 下的雾雨强度值进行归一化，而雾雨强度在垂向上沿程递减，因此最大值位于最小测量高度处，抛射运动轨迹也会经过此区域，当为 $(20\pm20)\%I_{max}$、$(50\pm20)\%I_{max}$ 等值线时与实验值不符，除此之外，在各工况下用本研究提出的方法预测的雾雨强度等值线与实验值基本吻合，表明本书所提出的雾雨等值线预测方法是合理的。

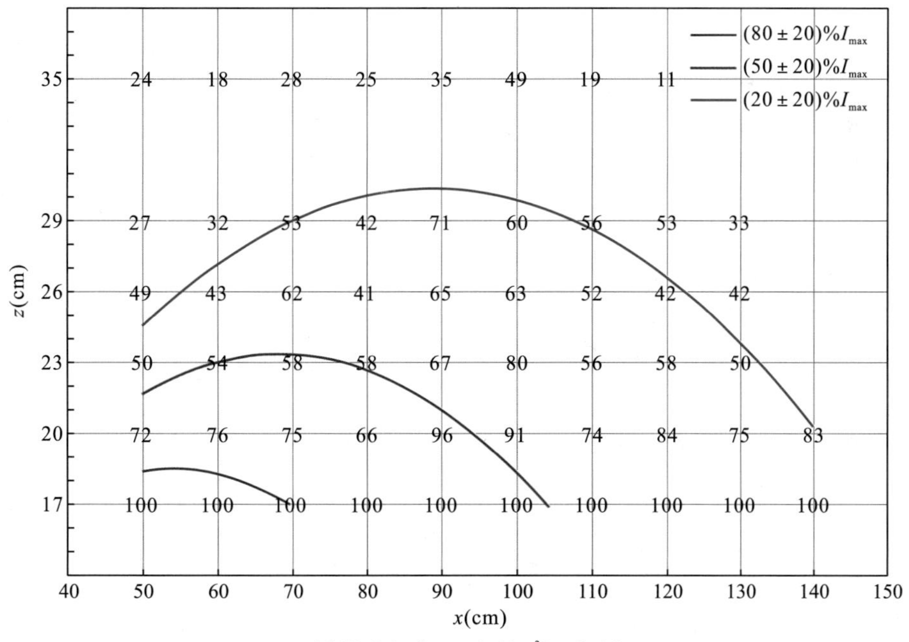

(a) V_j=8.3m/s，q=0.10m^2/s，h=20cm

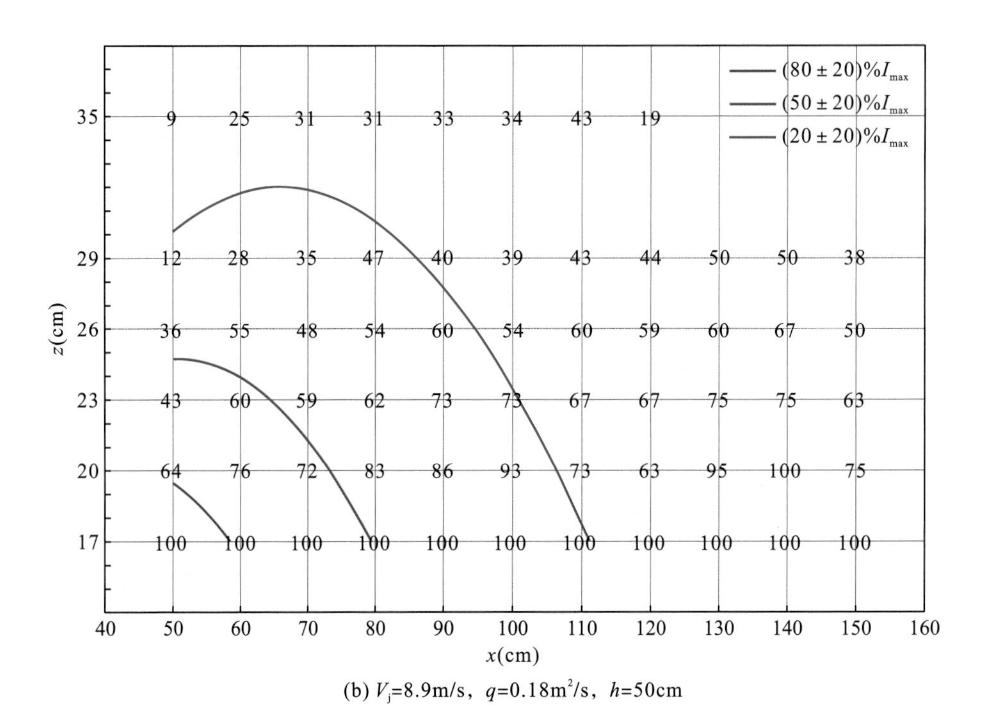

(b) V_j=8.9m/s，q=0.18m²/s，h=50cm

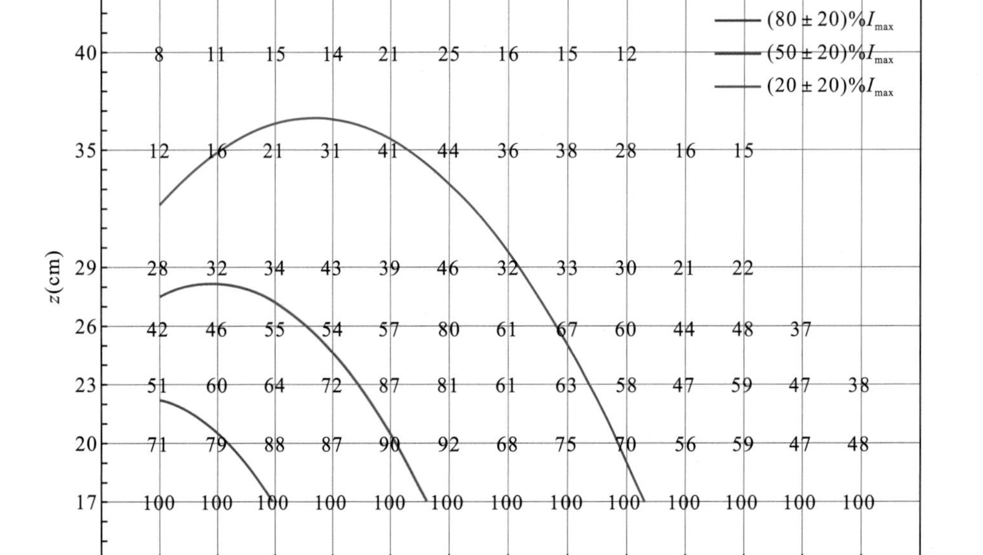

(c) V_j=9.4m/s，q=0.14m²/s，h=30cm

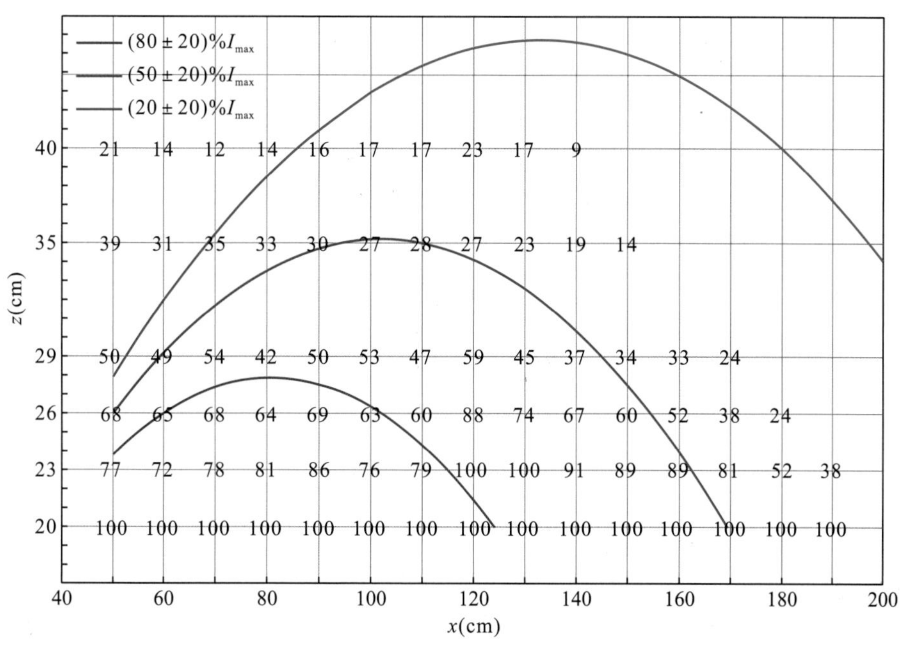

(d) V_j=9.9m/s，q=0.10m^2/s，h=20cm

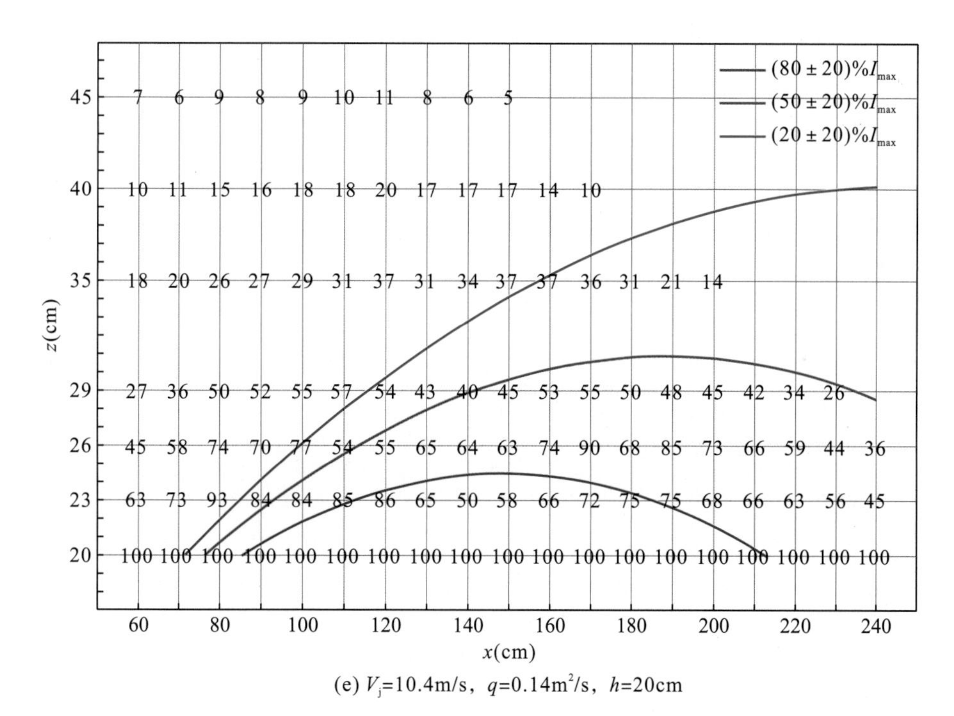

(e) V_j=10.4m/s，q=0.14m^2/s，h=20cm

图 5.11　本书方法计算的雾雨强度等值线与实验值对比

注：网格上的数值为各 x 下的雾雨强度相对值 $P=I_i/I_{max}\times100\%$。

5.4 工程建议及防护

从前文对单宽流量、水舌入水速度(水头差)、水垫深度对雾雨强度和扩散范围影响分析来看，入水速度(水头差)是影响雾化效应最主要的因素，因此对于高坝泄洪消能运行，高流速因素引起的泄洪雾化影响难以回避，必须引起工程水力安全运行的高度重视；其次是单宽流量，最后是水垫深度。大坝高度通常是由地形条件决定的，无法改变，因此应重点控制单宽流量，对于水垫深度应综合河床冲刷等因素进行考虑。本书从减小泄洪雾雨强度与扩散范围的角度，对实际工程给出以下建议。

(1)条件允许时，采用适当小的单宽流量泄洪，具体措施为对泄洪运行方式进行优化，或针对性设计挑流消能建筑物出口体型等。研究表明在水头差较大、水舌入水速度较大时，流量较小的水舌由于空中散裂严重，水舌破碎占主导地位，使得雾雨强度值远小于同等条件下流量较大的水舌。因此，为了减轻雾化效应，单宽流量不宜过大。但单宽流量也不能过小，因为流量过小会使空中的散裂水滴增多，从而增加空中雾化源。

(2)水垫深度应适当加大。实际水利枢纽工程中上下游水位落差大，水舌入水流速大，散裂、掺气严重。本研究表明，在水舌散裂程度较高时，水垫为有效水垫，雾雨强度最大值随水垫深度变化微小，纵向扩散长度明显减小。但水垫深度不是越大越好，雾雨纵向扩散长度减小速率在浅水垫时变化明显，增大到一定程度后，变化甚小，即水垫深度达到一定程度后，再继续增大水垫深度起到的减小雾化效应的成效甚微，且施工工程量增大、造价提高。

(3)加强对水垫塘水面附近高度的雾雨监测，对高强度雾雨区内的重点区域采取防护措施。实验研究表明，雾雨强度在垂向上整体呈递减趋势，且靠近水面附近高度上的雾雨强度变化曲线较陡，表明雾雨量集中于水面附近，在高空中的扩散雨量相对较少。泄洪雾化引起的降雨强度远大于自然降雨特大暴雨的雨强，这对水利枢纽的正常运行、交通安全、下游边坡的稳定性及周围生态环境造成巨大影响。所以应加强对水垫塘水面附近的雾雨监测，对高强度雾雨区内的重点区域采取防护措施。

对于泄洪雾化危害可采取以下防护措施：①在枢纽布置设计中，尽量不要将工程设施布置在浓雾暴雨区内，电站厂房、变电站、开关站等不要布置在水舌空中碰撞点及入水点附近；高压输电线路高程不能太低，应尽量避开雾区，以免冬季结冰；进场公路和上坝交通干线避开强雾化区；居民生活区、办公楼应远离雾化降雨区。②清除坝体附近危石、松动岩体等，防止岸边岩块在雾化降雨冲击下掉落砸中工程设施、来往人员或落入水垫塘中。③对雾化区内的岸坡可采用喷混凝土、浆砌块石、打锚杆等措施进行防护，同时加强在坡面、道路上设置排水沟，在高程较低的孔洞应设防雨和排水设施。④优化泄洪调度方式，如在洪峰前提前降低库水位，在泄洪过程中合理开启孔口泄流，限制孔口泄流量，减轻雾化效应。

5.5　本 章 小 结

本章通过理论分析与物模实验相结合的方法，引入激溅扩散系数，结合非弹性碰撞动量方程，建立了雾雨强度空间分布的半理论半经验计算方法。根据系列实验数据，对雾雨强度在纵向及横向上的分布进行经验拟合。主要结论如下：

(1)基于物理模型实验数据，对雾雨强度在纵向及横向上的分布特征进行分析，提出雾雨强度纵向、横向分布型式的计算公式。

(2)建立了雾雨强度空间分布的半理论半经验计算方法。通过理论类比分析，表明水滴出射角度和抛射速度是影响激溅区范围最主要的因素。基于系列实验数据分析，分别建立雾雨强度等值线特征出射角度、激溅扩散系数计算公式；结合非弹性碰撞动量方程，计算获得不同散裂程度下抛射水相的运动轨迹，以此获得空间不同雾雨强度的分布范围。通过与实验数据对比分析，结果显示二者基本吻合。

(3)基于本书对不同水力条件下跌流水舌入水激溅雾化扩散特性的研究成果，从减轻泄洪雾雨强度与减小扩散范围的角度，对实际工程给出了采用适当小的单宽流量泄洪、适当大的水垫深度以及对重点区域采取防护措施的建议，以保证高坝工程泄洪水力安全。

第6章　结论与展望

6.1　结　　论

本书主要通过物理模型试验获得跌流水舌入水激溅区雾雨扩散特性，并分别对不同单宽流量、水舌入水速度(水头差)及水垫深度的空间雾雨强度分布特性进行了详细探讨；研究跌流水舌入水激溅区雾雨散裂型式，分析雾雨强度在空间上的分布特征，探讨各水力因素对雾雨强度值和扩散范围的影响；同时基于物理模型实验数据，提出雾雨强度纵向、横向分布型式的计算公式；通过理论分析与物模实验相结合的方法，引入激溅扩散系数，并建立雾雨强度空间分布的半理论半经验计算方法。本书主要结论如下。

(1)观测了跌流水舌入水激溅区雾雨强度在各垂向高度下的平面扩散范围，揭示了跌流水舌入水激溅区空间雾雨扩散规律。在实验测量范围内，跌流水舌入水激溅空间雾雨强度在不同垂向高度下的各平面上散裂形态基本一致，测量范围内均呈1/4椭圆分布，但雾雨强度边界与水舌碰撞点的距离不同，通常情况下纵向长度大于横向宽度。同一水平面上，雾雨强度在纵向上沿程减小，类似于伽马分布；在横向半宽上雾雨强度符合高斯分布，其峰值位于水舌中轴线或中轴线附近，因此从整个横向宽度来看，呈单峰或双峰对称分布；平面内雾雨强度值、扩散范围随垂向高度的增大整体呈减小的趋势。雾雨强度在垂向上衰减速度较快，呈现类似于伽马分布型式。不同水力条件下，雾雨强度在纵向、横向、垂向上分布规律基本一致，只是雾雨强度数值和分布曲线的变化曲率有所不同。基于物理模型实验数据，提出了雾雨强度纵向、横向分布型式的计算公式。

(2)揭示了跌流水舌入水激溅条件下，单宽流量、入水速度(水头差)及水垫深度对空间雾雨强度的量化影响规律。实验结果表明，跌流水舌入水激溅雾雨强度最大值位于水舌碰撞中心点附近，受单宽流量、入水速度(水头差)及水垫深度的影响较小，说明空间雾雨强度分布的形成均由激溅导致的下游水面破碎及其空间扩散产生。在相同水舌入水速度、水垫深度及垂向高度下，雾雨强度最大值并非普遍认为的单一地随流量的增大而增大，而是与水舌的破碎状态密切相关。在低入水流速下，水舌整体连续性较好，但较小流量的水舌破碎更为严重，使得较小流量的雾雨强度最大值大于较大流量；在高入水流速下，流量较小的水舌在碰撞前已经散裂为水片、水束，水舌破碎对激溅影响占主导地位，因此较小流量的雾雨强度最大值远小于相同条件下较大流量的雾雨强度值。平面内雾雨强度最大值随水舌入水流速的增大而增大，在单宽流量较小时增长速率基本一致，在单宽流量较大时变化曲线逐渐变陡，呈指数型增长；平面内雾雨强度最大值在水舌散裂程度较低时，随水垫深度的增大先减小后增大，在水舌散裂程度较高时，基本不随水垫深度变化。

(3) 揭示了跌流水舌入水激溅条件下，单宽流量、入水速度(水头差)及水垫深度对雾雨纵向、横向扩散范围的影响规律。该雾雨纵向、横向扩散范围是根据同一平面上雾雨强度最大值的百分比的等值线所确定的，结果表明：①雾雨纵向扩散长度：在浅水垫时，随单宽流量增大呈增大的趋势，在深水垫时，随单宽流量增大呈减小的趋势；随水舌入水流速的增大先增大后减小，且其随水舌入水速度变化存在一个极大值，该极大值出现时对应的入水流速在各工况下有所不同；随水垫深度的增大而减小，并且曲线的变化曲率逐渐减小。②雾雨横向扩散宽度：在低入水流速下，随单宽流量的增大而增大，在高入水流速下，水舌散裂严重，单宽流量对其影响不大，从整体上来看各单宽流量下横向扩散宽度的变幅不大；随入水流速的增大而减小，曲线的变化曲率也逐渐减小，其变化值大于单宽流量变化所引起的变化值；雾雨横向扩散宽度在各水垫深度下的变幅不大，受水垫深度影响不显著。

(4) 建立了雾雨强度空间分布的半理论半经验计算方法。通过理论类比分析，厘清了激溅出射角度与散裂程度对跌流水舌入水激溅空间雾雨强度分布的影响机制；基于系列实验数据分析，分别建立了雾雨强度等值线特征出射角度、激溅扩散系数计算公式；引入激溅扩散系数，结合非弹性碰撞动量方程，获得不同散裂程度下抛射水相的运动轨迹，以此获得空间不同雾雨强度的分布范围。通过与实验数据对比分析，结果显示二者基本吻合。

(5) 通过对跌流水舌入水激溅的实验研究表明，入水流速对雾雨强度及其分布影响较单宽流量更为显著，而水垫深度对于入水激溅影响相比于入水流速与单宽流量不显著，因此对于高坝泄洪消能运行，高流速因素引起的泄洪雾化影响难以回避，必须引起工程水力安全运行的高度重视，可以通过优化泄洪运行方式、针对性设计挑流消能建筑物出口体型等措施，尽可能降低入水单宽流量，减轻入水冲击，进而降低泄洪雾雨强度、减小扩散范围，保证高坝工程泄洪水力安全。

6.2　展　　望

随着日益增多的高坝枢纽工程建设，泄洪雾化问题越来越突出。泄洪雾化是复杂的水-气两相流，受地形、气象、水力等多种条件的综合影响。尽管目前对泄洪雾化现象已经进行了一些探索，但仍然缺乏系统性的研究。本书主要通过物模实验对不同单宽流量、入水速度(水头差)及水垫深度的空间扩散特性进行研究，分析跌流水舌入水激溅区雾雨扩散散裂形式、雨强分布特征及扩散范围，并分别得到雾雨强度分布在纵向和横向上的经验计算式，建立雾雨强度空间分布的半理论半经验的计算方法。通过本书的研究，对跌流水舌入水激溅区雾雨扩散特性有了进一步的认识，但是对于水舌入水激溅特性研究仍需进一步探索，主要体现在以下方面。

(1) 考虑风场及地形变化的影响。高坝工程通常位于峡谷地区，泄洪时伴随着强烈的峡谷风、水舌风、坝后场风，对激溅水滴的运动特性和扩散范围均有较大影响。在今后的研究中，可以探讨风场和地形变化对激溅雾雨扩散特性的影响。

(2)研发新的测量装置，加强原型观测，并与物模实验结果对比，探寻二者间的关系。现今，在泄洪雾化的原型观测中，大多是在枢纽下游左右两岸特定测点放置雨量收集装置，而在水舌落水附近的溅水区，雨量收集装置无法放置于空中，因为该区降雨强度大、颗粒浓度高，现今的测试手段无法进行测量。因此，应改进原型观测测量手段，研发新的测量装置，提高原型观测测量精度，加强原型观测，进一步探究模型实验数据与原型观测结果之间的关系。

(3)数学模型是研究跌流水舌入水激溅区雾雨扩散特性的重要工具之一，本书未开展相关数学模型研究，在后续研究中可建立相关流体力学方程组，求解流体运动特征，量化各区域的激溅雾雨强度，并与物理模型试验结果相对比。

(4)本书采用高速摄像机对激溅水点散裂形式进行拍摄，但未对激溅水点的大小、数目和运动特性(初始抛射角度、抛射速度)等细观参数进行定量分析，后续可加强对激溅水点细观特性的研究，并结合机理分析进一步揭示跌流水舌入水激溅区雾雨扩散特性。

参 考 文 献

[1] 涂师平. 从良渚大坝谈中国古代堰坝的发展[J]. 浙江水利水电学院学报, 2017, 29(2): 1-5.

[2] 向光红, 金蕾, 班红艳, 等. 构皮滩水电站泄洪消能设计[J]. 人民长江, 2006, 37(3): 42-43, 73.

[3] 肖白云. 溪洛渡水电站的泄洪消能设计[J]. 水电站设计, 1999, 15(1): 15-20.

[4] 肖兴斌, 芦俊英. 高拱坝泄洪消能水力设计研究与应用述评[J]. 水利水电科技进展, 2000, 20(2): 19-23.

[5] 姚栓喜, 李蒲健, 雷丽萍. 拉西瓦水电站混凝土双曲拱坝设计[J]. 水力发电, 2007, 33(11): 30-33.

[6] 陈军, 蒙富强, 王贞琴. 两河口水电站泄洪建筑物的布置研究[J]. 中国水能及电气化, 2012(11): 42-47.

[7] 袁友仁, 张宗亮. 糯扎渡水电站工程整体设计[C]//水利水电工程勘测设计新技术应用. 北京: 中国水利水电出版社, 2018: 408-415.

[8] 杨再宏, 顾亚敏, 刘兴宁, 等. 糯扎渡水电站溢洪道深化设计[J]. 水力发电, 2012, 38(9): 31-34.

[9] 周建平, 杨泽艳, 陈观福. 我国高坝建设的现状和面临的挑战[J]. 水利学报, 2006, 37(12): 1433-1438.

[10] 杨宜文, 孙双科, 唐建华, 等. 小湾高拱坝泄洪消能研究与设计[C]//水电 2006 国际研讨会论文集, 2006: 135-140.

[11] 练继建, 刘丹, 刘昉. 中国高坝枢纽泄洪雾化研究进展与前沿[J]. 水利学报, 2019, 50(3): 283-293.

[12] 刘宣烈, 安刚, 姚仲达. 泄洪雾化机理和影响范围的探讨[J]. 天津大学学报, 1991, 24(S1): 30-36.

[13] 曾祥, 肖兴斌. 高坝泄洪水流雾化问题研究介绍[J]. 人民珠江, 1997, 18(2): 22-25.

[14] 陈维霞. 鲁布革电站泄水建筑物雾化原型观测[J]. 云南水力发电, 1996, 12(4): 31-35.

[15] 朱济祥, 薛乾印, 薛玺成. 龙羊峡水电站泄流雾化雨导致岩质边坡的蠕变变位分析[J]. 水力发电学报, 1997, 16(3): 31-42.

[16] 李瓒. 龙羊峡水电站挑流水雾诱发滑坡问题[J]. 大坝与安全, 2001(3): 17-20, 29.

[17] Lin L, Li Y, Zhang W, et al. Research progress on the impact of flood discharge atomization on the ecological environment[J]. Natural Hazards, 2021, 108(2): 1415-1426.

[18] 姚克烨, 曲景学. 挑流泄洪雾化机理与分区研究综述[J]. 东北水利水电, 2007, 25(4): 7-9.

[19] 王思莹, 陈端, 侯冬梅. 泄洪雾化源区降雨强度分布特性试验研究[J]. 长江科学院院报, 2013, 30(8): 70-74.

[20] 练继建, 冉聃颉, 何军龄, 等. 挑坎体型对下游雾化影响的试验研究[J]. 水科学进展, 2020, 31(2): 260-269.

[21] 曾少岳, 张永涛, 张苾萃, 等. 向家坝水电站泄洪雾化及其影响分析[J]. 水力发电, 2019, 45(12): 54-58.

[22] 张华. 水电站泄洪雾化理论及其数学模型的研究[D]. 天津: 天津大学, 2003.

[23] 王继刚, 汤国庆, 罗永钦. 大岗山水电站泄洪洞泄洪雾化观测成果分析[J]. 西北水电, 2019(1): 77-80.

[24] 柳海涛, 孙双科, 王晓松, 等. 溅水问题的试验研究与随机模拟[J]. 水动力学研究与进展(A 辑), 2009, 24(2): 217-223.

[25] 韩喜俊, 渠立光, 程子兵. 高坝泄洪雾化工程防护措施研究进展[J]. 长江科学院院报, 2013, 30(8): 63-69.

[26] 杜兰, 卢金龙, 李利, 等. 大型水利枢纽泄洪雾化原型观测研究[J]. 长江科学院院报, 2017, 34(8): 59-63.

[27] 杨朝晖, 吴守荣, 刘善均, 等. 宝珠寺水电站泄洪雾化原型观测[J]. 水利水电技术, 2007, 38(1): 69-73.

[28] 刘进军, 韩爽, 孔德勇, 等. 白山电站泄洪雾化原型观测与模型试验研究[J]. 东北水利水电, 2002, 20(2): 41-45.

[29] 付兴友, 姚福海, 陈刚. 大渡河瀑布沟心墙堆石坝下游泄洪雾化监测分析与启示[C]//中国大坝协会 2013 学术年会暨第三届堆石坝国际研讨会论文集, 2013.

[30] 陈惠玲. 小湾水电站泄洪雾化研究[J]. 云南水力发电, 1998, 14(4): 51-55.

[31] 练继建, 何军龄, 缑文娟, 等. 泄洪雾化危害的治理方案研究[J]. 水力发电学报, 2019, 38(11): 9-19.

[32] 陈端. 高坝泄洪雾化雨强模型律研究[D]. 武汉: 长江科学院, 2008.

[33] Chanson H. Turbulent air-water flows in hydraulic structures: dynamic similarity and scale effects[J]. Environmental Fluid Mechanics, 2009, 9(2): 125-142.

[34] 戴丽荣, 张云芳, 张华, 等. 挑流泄洪雾化影响范围的人工神经网络模型预测[J]. 水利水电技术, 2003, 34(5): 7-9.

[35] 周辉, 陈慧玲. 挑流泄洪雾化降雨的模糊综合评判方法[J]. 水利水运科学研究, 1994, (1): 165-170.

[36] 张华, 练继建, 李会平. 挑流水舌的水滴随机喷溅数学模型[J]. 水利学报, 2003, 34(8): 21-25.

[37] Lian J J, Li C Y, Liu F, et al. A prediction method of flood discharge atomization for high dams[J]. Journal of Hydraulic Research, 2014, 52(2): 274-282.

[38] Liu H T, Liu Z P, Xia Q F, et al. Computational model of flood discharge splash in large hydropower stations[J]. Journal of Hydraulic Research, 2015, 53(5): 576-587.

[39] 柳海涛, 刘之平, 孙双科. 泄洪雨雾输运的数学模型研究[J]. 四川大学学报(工程科学版), 2010, 42(3): 78-83.

[40] 刘刚, 童富果, 田斌. 基于水气两相流的水布垭电站泄洪雾化有限元分析[J]. 重庆大学学报(自然科学版), 2020, 43(6): 90-102.

[41] Liu G, Tong F G, Tian B, et al. Finite element analysis of flood discharge atomization based on water-air two-phase flow[J]. Applied Mathematical Modelling, 2020, 81: 473-486.

[42] 刘志国, 柳海涛, 孙双科, 等. 丰满水电站重建工程挑流消能方案泄洪雾化研究[J]. 水利水电技术, 2018, 49(1): 108-113.

[43] 刘昉, 黄财元, 杨弘. 高坝泄流雾化数值计算与原型观测成果对比研究[J]. 水力发电学报, 2010, 29(1): 19-23.

[44] 刘之平, 柳海涛, 孙双科. 大型水电站泄洪雾化计算分析[J]. 水力发电学报, 2014, 33(2): 111-115.

[45] 柳海涛, 孙双科, 郑铁刚, 等. 两河口水电站泄洪雾化影响分析[J]. 水力发电, 2016, 42(11): 54-57.

[46] 齐春风, 练继建, 刘昉, 等. 玛尔挡水电站泄洪雾化数学模型研究[J]. 水利水电技术, 2017, 48(12): 106-110, 194.

[47] 王思莹, 王才欢, 陈端. 泄洪雾化研究进展综述[J]. 长江科学院院报, 2013, 30(7): 53-58, 63.

[48] 刘宣烈, 张文周. 空中水舌运动特性研究[J]. 水力发电学报, 1988, 21(2): 46-53.

[49] 刘宣烈, 刘钧, 姚仲达, 等. 空中掺气水舌运动轨迹及射距[J]. 天津大学学报, 1989, 22(2): 23-30.

[50] 刘宣烈, 张文周. 空气阻力对挑流水舌的影响[J]. 天津大学学报, 1982, 15(2): 67-77.

[51] 姜信和, 张任. 挑射水股空中掺气扩散特性的初步研究[J]. 水利学报, 1984, 15(7): 49-53.

[52] 刘宣烈, 刘钧. 三元空中水舌掺气扩散的试验研究[J]. 水利学报, 1989, 20(11): 10-17.

[53] 姜信和. 挑射水舌掺气扩散的理论分析初探[J]. 水力发电学报, 1989, 8(3): 70-76.

[54] 吴持恭, 杨永森. 空中自由射流断面含水浓度分布规律研究[J]. 水利学报, 1994, 25(7): 1-11.

[55] 刘士和, 梁在潮. 平面掺气散裂射流特性[J]. 水动力学研究与进展(A 辑), 1995, 10(3): 274-280.

[56] 刘士和, 曲波. 平面充分掺气散裂射流研究[J]. 水动力学研究与进展(A 辑), 2002, 17(3): 376-381.

[57] 张华, 练继建. 掺气水舌运动微分方程及其数值解法[J]. 水利水电技术, 2004, 35(5): 46-48.

[58] 毛栋平. 高速圆柱射流的散裂特性[D]. 成都: 四川大学, 2015.

[59] 庞博慧, 马洪琪. 高海拔地区气压环境对高速水流水舌挑距的影响[J]. 水力发电学报, 2018, 37(2): 88-95.

[60] 练继建, 董照, 刘昉, 等. 低气压环境中的挑流水舌动水压强实验研究[J]. 水力发电学报, 2019, 38(10): 101-110.

[61] Reitz R D, Bracco F V. Mechanism of atomization of a liquid jet[J]. Physics of Fluids, 1982, 25(10): 1730-1742.

[62] Shavit U, Chigier N. Fractal dimensions of liquid jet interface under breakup[J]. Atomization and Sprays, 1995, 5(6): 525-543.

[63] Sevilla A, Gordillo J M, Martínez-Bazán C. Transition from bubbling to jetting in a coaxial air-water jet[J]. Physics of Fluids, 2005, 17(1): 1-5.

[64] Rajaratnam N, Albers C. Water distribution in very high velocity water jets in air[J]. Journal of Hydraulic Engineering, 1998, 124(6): 647-650.

[65] Heller V, Hager W H, Minor H-E. Ski jump hydraulics[J]. Journal of Hydraulic Engineering, 2005, 131(5): 347-355.

[66] Steiner R, Heller V, Hager W H, et al. Deflector ski jump hydraulics[J]. Journal of Hydraulic Research, 2008, 134(5): 562-571.

[67] Schmocker L, Pfister M, Hager W H, et al. Aeration characteristics of ski jump jets[J]. Journal of Hydraulic Engineering, 2008, 134(1): 90-97.

[68] Anirban G, Barron R M, Balachandar R. Numerical simulation of high-speed turbulent water jets in air[J]. Journal of Hydraulic Research, 2010, 48(1): 119-124.

[69] Pfister M, Hager W H. Deflector-jets affected by pre-aerated approach flow[J]. Journal of Hydraulic Research, 2012, 50(2): 181-191.

[70] Pfister M, Hager W H. Deflector-generated jets Jets[J]. Journal of Hydraulic Research, 2009, 47(4): 466-475.

[71] Pfister M, Hager W H, Boes R M. Trajectories and air flow features of ski jump-generated jets[J]. Journal of Hydraulic Research, 2014, 52(3): 336-346.

[72] Zhang W M, Zhu D Z. Bubble characteristics of air-water bubbly jets in crossflow[J]. International Journal of Multiphase Flow, 2013, 55: 156-171.

[73] Zhang W M, Zhu D Z. Far-field properties of aerated water jets in air[J]. International Journal of Multiphase Flow, 2015, 76: 158-167.

[74] Castillo L G, Carrillo J M, Blázquez A. Plunge pool dynamic pressures : a temporal analysis in the nappe flow case[J]. Journal of Hydraulic Research, 2014, 53(1): 101-118.

[75] Castillo L G, Carrillo J M. Analysis of the scale ratio in nappe flow case by means of cfd numerical simulation[C]. Proceedings of 2013 IAHR Congress, 2013.

[76] Castillo L G, Carrillo J M, Sordo-Ward Á. Simulation of overflow nappe impingement jets[J]. Journal of Hydroinformatics, 2014, 16: 922-940.

[77] 邢林生. 陈村水电站尾水渠的冲淤问题[J]. 水力发电, 1990, 16(8): 48-50.

[78] 孙双科. 我国高坝泄洪消能研究的最新进展[J]. 中国水利水电科学研究院学报, 2009, 7(2): 89-95.

[79] 郭亚昆, 吴持恭. 二滩水电站表中孔联合泄流空中碰撞消能优化研究[J]. 成都科技大学学报, 1992, 24(6): 17-24.

[80] 刘沛清, 冬俊瑞, 李玉柱. 两股射流在空中碰撞消能的水力计算[J]. 水利学报, 1995, 27(7): 38-44.

[81] 刁明军, 杨永全. 不对等射流空中碰撞扩散消能研究[J]. 四川联合大学学报(工程科学版), 1998, 2(6): 96-101.

[82] 孙建, 李玉柱, 余常昭. 高拱坝表孔及中孔挑流水舌上下碰撞作用下基岩冲刷[J]. 清华大学学报(自然科学版), 2002, 42(4): 564-568.

[83] 孙建, 李玉柱. 水舌空中左右碰撞的水力特性及其作用下的河床基岩冲刷平衡深度估算[J]. 应用力学学报, 2004, 21(3): 134-137.

[84] 刘士和, 陆晶, 周龙才. 窄缝消能与碰撞消能雾化水流研究[J]. 水动力学研究与进展(A 辑), 2002, 17(2): 189-196.

[85] 练继建, 刘丹, 刘昉. 复杂空中碰撞下泄流雾化的数值预测[J]. 水力发电学报, 2019, 38(5): 46-56.

[86] Yuan H, Xu W L, Li R, et al. Spatial distribution characteristics of rainfall for two-jet collisions in air[J]. Water, 2018, 10(11): 1600.

[87] 袁浩. 射流空中碰撞散裂特性研究[D]. 成都: 四川大学, 2019.

[88] Heidmann M F, Priem R J, Humphrey J C. A study of sprays formed by two impinging jets[J]. Engineering, 1957: 1-35.

[89] Dombrowski N, Hooper P C. A study of the sprays formed by impinging jets in laminar and turbulent flow[J]. Journal of Fluid Mechanics, 1964, 18(3): 392-400.

[90] Taylor G. Formation of thin flat sheets of water[J]. Proceedings of the Royal Society of London. Series A, Mathematical and Physical Sciences, 1960, 259(1296): 1-17.

[91] Miller K D. Distribution of spray from impinging liquid jets[J]. Journal of Applied Physics, 1960, 31(6): 1132-1133.

[92] Huang J C P. The break-up of axisymmetric liquid sheets[J]. Journal of Fluid Mechanics, 1970, 43(2): 305-319.

[93] Ryan H M, Anderson W E, Pal S, et al. Atomization characteristics of impinging liquid jets[J]. Journal of Propulsion and Power, 1995, 11(1): 135-145.

[94] Orme M. Experiments on droplet collisions, bounce, coalescence and disruption[J]. Progress in Energy and Combustion Science, 1997, 23(1): 65-79.

[95] Choo Y J, Kang B S. Parametric study on impinging-jet liquid sheet thickness distribution using an interferometric method[J]. Experiments in Fluids, 2001, 31(1): 56-62.

[96] Choo Y J, Kang B S. The velocity distribution of the liquid sheet formed by two low-speed impinging jets[J]. Physics of Fluids, 2002, 14(2): 622-627.

[97] Choo Y J, Kang B S. The effect of jet velocity profile on the characteristics of thickness and velocity of the liquid sheet formed by two impinging jets[J]. Physics of Fluids, 2007, 19(11): 112101.

[98] Lee C H. An experimental study on the distribution of the drop size and velocity in asymmetric impinging jet sprays[J]. Journal of Mechanical Science and Technology, 2008, 22(3): 608-617.

[99] Sanjay V, Das A K. Formation of liquid chain by collision of two laminar jets[J]. Physics of Fluids, 2017, 29(11): 112101.

[100] Worthington A M. A study of splashes[M]. London: Longmans Green and Co, 2010.

[101] Franz G J. Splashes as sources of sound in liquids[J]. The Journal of the Acoustical Society of America, 1959, 31(8): 1080-1096.

[102] 段红东, 刘士和, 罗秋实, 等. 雾化水流溅水区降雨强度分布探讨[J]. 武汉大学学报(工学版), 2005, 38(5): 11-14.

[103] 刘昉, 练继建, 张晓军, 等. 挑流水舌入水喷溅试验研究[J]. 水力发电学报, 2010, 29(4): 113-117.

[104] 梁在潮. 雾化水流计算模式[J]. 水动力学研究与进展(A辑), 1992, 7(3): 247-255.

[105] 刘士和, 曲波. 泄洪雾化溅水区长度深化研究[J]. 武汉大学学报(工学版), 2003, 36(5): 5-8.

[106] 孙双科, 刘之平. 泄洪雾化降雨的纵向边界估算[J]. 水利学报, 2003, 34(12): 53-58.

[107] 段红东, 刘士和, 罗秋实, 等. 雾化水流溅水区降雨强度分布探讨[J]. 武汉大学学报(工学版), 2005, 38(5): 11-14.

[108] 孙笑非, 刘士和. 雾化水流溅抛水滴运动深化研究[J]. 水动力学研究与进展(A辑), 2008, 23(1): 61-66.

[109] 范敏, 刘士和, 张康乐. 雾化水流溅抛雨滴粒径分布的实验研究与数值模拟[C]. 第五届全国水力学与水利信息学大会论文集, 2011: 322-327.

[110] 刘士和, 冉青松, 罗秋实, 等. 雾流降雨粒径及其在坡面上生成流动的深化研究[J]. 武汉大学学报(工学版), 2013, 46(1): 1-5.

[111] 钟晓凤. 射流入水激溅特性实验研究[D]. 成都: 四川大学, 2016.

[112] Liu D, Lian J, Liu F, et al. An experimental study on the effects of atomized rain of a high velocity waterjet to downstream area in low ambient pressure environment[J]. Water (Switzerland), 2020, 12(2): 397.

[113] 梁在潮, 刘士和, 胡敏良, 等. 小湾水电站泄流雾化水流深化研究[J]. 云南水力发电, 2000, 16(2): 28-32.

[114] Edgerton H E, Killian J R. Flash[C]. 1939.

[115] Hobbs P V, Kezweeny A J. Splashing of a water drop[J]. Science, 1967, 155: 1112-1114.

[116] Harlow F H, Shannon J P. The splash of a liquid drop[J]. Journal of Applied Physics, 1967, 38(10): 3855-3866.

[117] Macklin W C, Metaxas G J. Splashing of drops on liquid layers[J]. Journal of Applied Physics, 1976, 47(9): 3963-3970.

[118] Pumphrey H C, Walton A J. Experimental study of the sound emitted by water drops impacting on a water surface[J]. European Journal of Physics, 1988, 9(3): 225-231.

[119] Oğuz N H, Prosperetti A. Bubble entrainment by the impact of drops on liquid surfaces[J]. Journal of Fluid Mechanics, 1990, 219: 143-179.

[120] Yarin A L. Drop impact dynamics: splashing, spreading, receding, bouncing[J]. Annual Review of Fluid Mechanics, 2006, 38(1): 159-192.

[121] Ervine D A, Falvey H T. Behaviour of turbulent water jets in the atmosphere and in plunge pools[C]//Proceedings of the Institution of Civil Engineers. 1987, 83(1): 295-314.

[122] Zhu Y G, Oğuz H N, Prosperetti A. On the mechanism of air entrainment by liquid jets at a free surface[J]. Journal of Fluid Mechanics, 2000, 404: 151-177.

[123] Bush J W M, Aristoff J M. The influence of surface tension on the circular hydraulic jump[J]. Journal of Fluid Mechanics, 2003, 489: 229-238.

[124] Chanson H, Aoki S, Hoque A. Physical modelling and similitude of air bubble entrainment at vertical circular plunging jets[J]. Chemical Engineering Science, 2004, 59(4): 747-758.

[125] Harby K, Chiva S, Muñoz-Cobo J L. An experimental study on bubble entrainment and flow characteristics of vertical plunging water jets[J]. Experimental Thermal and Fluid Science, 2014, 57: 207-220.

[126] 陈端, 金峰, 李静. 高坝泄洪雾化降雨强度模型律研究[J]. 水利水电技术, 2005, 36(10): 47-49.

[127] 余凯文, 韩昌海, 韩康. 泄洪雾化降雨模型相似比尺分类研究[J]. 水利水运工程学报, 2020, (2): 58-65.

[128] 黄国情, 吴时强, 陈惠玲. 高坝泄洪雾化模型试验研究[J]. 水利水运工程学报, 2008, (4): 91-94.

[129] 周辉, 吴时强, 陈惠玲. 泄洪雾化降雨模型相似性探讨[J]. 水科学进展, 2009, 20(1): 58-62.

[130] 陈惠玲, 李定方, 黄颖蕾. 泄洪雾化的雨和雾研究[C]. 第十六届全国水动力学研讨会论文集. 上海: 中国力学会, 2002: 209-220.

[131] 王颖, 李志远, 李池清. 白山水电站泄洪溅水雾化与防护工程研究[J]. 水利水电技术, 2008, 39(6): 113-116.

[132] 练继建, 刘昉, 黄财元. 环境风和地形因素在挑流泄洪雾化数学模型中的影响[J]. 水利学报, 2005, 36(10): 1147-1152.

[133] 周钟, 沈文莉, 黄庆. 溪洛渡水电站坝身泄洪消能布置[J]. 水电站设计, 1999, 15(2): 5-13.

[134] 陈捷, 周胜, 孙双科. 小湾水电站坝身泄洪消能布置优化研究[J]. 水力发电, 2001, 27(10): 38-41.

[135] 向光红, 金蕾, 班红艳, 等. 构皮滩水电站泄洪消能设计[J]. 人民长江, 2006, 37(3): 42-43, 73.

[136] 程子兵, 韩继斌, 黄国兵. 构皮滩水电站泄洪消能试验研究[J]. 人民长江, 2006, 37(3): 84-86.

[137] 徐建强. 白鹤滩水电站拱坝表孔泄流非对称布置研究[C]. 中国水力发电论文集, 2008: 255-260

[138] 刘金星, 杨敏. 东庄水利枢纽表孔宽尾墩水力特性研究[J]. 水资源与水工程学报, 2014, 25(6): 187-192.

[139] 唐尧. 三河口水利枢纽泄洪建筑物水力特性研究[D]. 杨凌: 西北农林科技大学, 2017.

[140] 孙双科, 彭育, 徐建荣. 高拱坝坝身泄洪规模探析: 以白鹤滩水电站为例[J]. 水利学报, 2018, 49(9): 1169-1177.

[141] Puertas J, Dolz J. Plunge pool pressures due to a falling rectangular jet[J]. Journal of Hydraulic Engineering, 2005, 131(5): 404-407.

[142] 杨敏, 练继建. 水垫塘反拱形底板体型研究[J]. 水力发电学报, 2002, 21(4): 45-50.

[143] 王思莹, 刘向北, 陈端. 挑流水舌泄洪雾化源形成过程研究[J]. 长江科学院院报, 2015, 32(2): 53-57.

[144] Heler V, Pfister M, Chanson H. Discussion to Scale effects in physical hydraulic engineering models[J]. Journal of Hydraulic Research, 2011, 49(3): 293-306.

[145] Scimeni E. Sulla forma delle vene tracimanti[J]. L'Energia Elettrica, 1930, 7(4): 293-305.

[146] Yarin A L, Weiss D A. Impact of drops on solid surfaces: self-similar capillary waves, and splashing as a new type of kinematic discontinuity[J]. Journal of Fluid Mechanics, 1995, 283: 141-173.